功能性阳极氧化

（日）高谷松文　著

史宏伟　王　争　樊志罡　等译

Functional Anodic
Oxide Coating

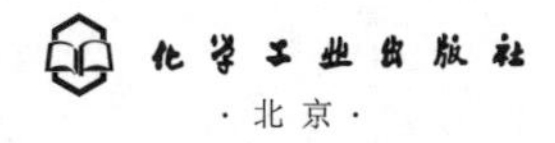

·北京·

内 容 简 介

《功能性阳极氧化》一书由日本铝阳极氧化领域有很高影响力的高谷松文先生执笔，汇集了众多研究学者和应用领域专家的理论和实践上的成果，包括铝阳极氧化膜的理论基础、功能性阳极氧化技术进步和应用的研究探索。书中采用了理论与实验相结合的方法进行展开，论证了阳极氧化膜功能性的实验结果和原理，展示了功能性氧化膜铝材在精密零部件、机械零部件、汽车零部件及航空零部件等行业的长足发展，对氧化膜的耐磨性、抗菌性、绝缘性、导电性、耐腐蚀性等功能进行了详细的介绍。

本书适合于铝材加工企业技术人员、铝合金表面处理的科研和教学人员阅读参考。

Functional Anodic Oxide Coating,the first edition/by Matsufumi Takaya
ISBN 978-4-87432-032-7

北京市版权局著作权合同登记号：01-2021-4379

图书在版编目（CIP）数据

功能性阳极氧化/（日）高谷松文著；史宏伟等译. —北京：化学工业出版社，2021.10
ISBN 978-7-122-39719-5

Ⅰ. ①功… Ⅱ. ①高… ②史… Ⅲ. ①氧化铝电解-阳极氧化 Ⅳ. ①TF111.52 ②TG174.451

中国版本图书馆 CIP 数据核字（2021）第 161799 号

责任编辑：韩亚南　段志兵　　文字编辑：刘　璐　陈小滔
责任校对：田睿涵　　装帧设计：王晓宇

出版发行：化学工业出版社（北京市东城区青年湖南街 13 号　邮政编码 100011）
印　　装：大厂聚鑫印刷有限责任公司
710mm×1000mm　1/16　印张 8¾　字数 142 千字　2022 年 1 月北京第 1 版第 1 次印刷

购书咨询：010-64518888　　售后服务：010-64518899
网　　址：http://www.cip.com.cn
凡购买本书，如有缺损质量问题，本社销售中心负责调换。

定　　价：**88.00 元**

中文版序

高谷松文先生是日本千叶工业大学教授，几十年来专门从事铝合金氧化膜功能化的研究，是日本知名的专家。其同事坂本幸弘可能因为参与 ISO 标准制订，中国同行业人士更加熟悉。该著作于 2008 年在日本出版，现在由中国有色金属加工工业协会表面处理专家史宏伟先生、王争先生等将其翻译成中文。

史宏伟先生毕业于天津大学，主修电化学生产工艺专业，三十来年一直浸心于铝合金表面处理研究。他创建的天津新艾隆科技有限公司，率先引进日本先进工艺和配方，生产高品质阳极电泳涂料，为中国电泳铝型材表面质量的提升做出了贡献。

史宏伟先生热心公益，关心行业发展，为中国铝材表面处理工艺技术和产品质量提高做出了贡献，是一位很有民族自豪感的专家型企业家。他在表面处理产业和技术领域的造诣，在文学、历史等方面的学识和观点以及对公益事业的投入令人钦佩。

目前我国在先进高端材料研发和生产方面与世界领先水平差距甚大，关键高端材料尚未实现自主供给。本书中研究题目就是通过表面处理赋予铝合金更高端的功能，如导电、耐磨、抗拉、绝缘、抗菌等功能的研究，目前国内尚属空白。该书的翻译出版，可助力国家战略落地，也有助于相关企业找到新的利润增长点。

中国是铝工业大国，同时也正在走向铝工业强国。这是从量变到质变的艰辛转变，需要所有同仁的共同努力。

中国有色金属工业协会副会长、秘书长

中国有色金属工业学会理事长

贾明星

译者前言

功能性阳极氧化，一直是近十几年来国际上的热门话题。其中，抗菌功能、绝缘功能和力学性能的提高，更是广受关注。

在此方向上我国相应开展的研究并不多，我们主要精力集中在铝普通建材和铝板的表面处理上。日本在这方面起步较早，并偏重于日用品和汽车行业的研究应用。美国功能膜的研究基本上多偏重于军工，其主要工艺参数也处于保密状态。我们现在翻译这本书，主要是为后继的研究学者及科研人员提供一个思路和参考。

随着能源节约的问题日益受到世界性关注，碳达峰和碳中和目标日益紧迫，铝的使用和普及也会更加广阔，在膜层上的技术要求也会越来越多，技术解决方案也会越来越多样化，希望我们能共同努力，让中国在这方面的研究可以走在世界前列。

在本书翻译过程中，赵正平先生做了大量实际工作，在此表示衷心感谢。

史宏伟

原著前言

本书依据 Kallos 出版社铝综合性杂志 *Altobia* 自 2006 年 10 月至 2007 年 10 月连载 12 次的《功能性阳极氧化》系列研究论文（研究及实用两个方面的相关研究）整理而成。

当今的铝阳极氧化膜基础性特征研究可以追溯到 1846 年法拉第（Faraday）对铝阳极氧化可能性进行的探索，1924 年日本理化研究所的科研人员鲸井和植木两位完成了对耐热性电绝缘物的研究，1928 年宫田发明的高压水蒸气封孔处理技术极大提高了铝耐腐蚀性。上述研究成果对后世影响甚巨，此技术当时被命名为阳极氧化，时至今日仍是所有铝阳极氧化膜的代名词。阳极氧化作为轻结构材料——铝的技术应用手段，标志着铝基材应用由“重厚长大”跨入“轻薄短小”的时代。阳极氧化的应用促进了能源利用、资源节约，使铝材广泛应用于机械零部件、汽车零部件及航空零部件等领域。

阳极氧化技术诞生后，铝阳极氧化膜因具有电绝缘性、耐腐蚀性、耐磨性、染色性等基本性功能被广泛应用。科学技术的不断发展，对阳极氧化微细孔和氧化膜自身新功能开发提出了强劲需求，带来了功能性阳极氧化的发展契机，推动了功能性阳极氧化技术的发展壮大。阳极氧化形成的纳米级微细孔在精密度方面胜过其他任何金属。由此，开发出适应时代需求的产品的可能性得到极大提高。阳极氧化膜的特征是氧化膜厚度可控制为微米级，精度优于涂装、热喷涂等技术，非常适用于精密零部件加工。

本书所引用的关于铝阳极氧化研究的历史资料有：著名理化研究报告、重要的宫田论文及其他电绝缘性资料等。

另外，本书详细列举了铝合金材料和阳极氧化的关系、阳极氧化膜机械特性、抑制裂纹产生、追求耐磨性和功能性阳极氧化开发应用实例。碘是日本引以为傲的丰富矿藏，笔者研究的碘化物浸渍过的润滑阳极氧化膜、抗菌阳极氧化膜都有详细论述。本书研究的领域集中在提高多孔氧化膜的机械特性方向，其他领域的研究可能尚有不足之处，敬请各位读者海涵。

本书为铝表面处理阳极氧化及其功能研究的归纳总结，若能为后面功能性阳极氧化研究带来抛砖引玉的作用，自当万分荣幸。

最后，我们在研究探索过程中对相关科研人员的研究报告及技术资料多有引用，在此一并致谢。

高谷松文

目　录

第 1 章

表面粗糙化引起表面物理性质的变化

高谷松文　前岛正受

1.1 概要

功能性阳极氧化膜的特性多数受其表面性质和状态影响。表面性质和状态则由最终的表面处理，即阳极氧化处理决定。阳极氧化膜的表面性质和状态与铝基体有很大关联。为此，我们从铝材及阳极氧化膜表面粗糙度视角出发，对功能性阳极氧化膜进行探讨。希望对今后功能性阳极氧化膜的发展有所贡献。

1.2 表面状态

一般金属表面在不同环境中可观察到各种各样的物理现象。譬如：气体和固体金属接触可产生吸附、催化反应、摩擦等现象；液体和固体金属接触产生表面电位现象、电极反应、溶解、潮湿、吸附、催化反应等；固体和固体金属接触可产生黏结、摩擦现象[1]。

采取不同加工方法，金属表面粗糙度可以达到的范围见表 1-1。可以通过选择不同的加工方式来达到需要的表面粗糙度[2]。

如图 1-1 所示，针对钢铁材料，由机械加工可以调整材料表面状态，比如铣削加工、机床加工、砂轮打磨加工、机械抛光、湿式微细喷砂、喷丸加工、金属微粒喷磨等[3]。

表 1-1　JIS B0601 各种加工方法的粗糙度范围

表面粗糙度的表示 / 加工方法	0.1-S	0.2-S	0.4-S	0.8-S	1.5-S	3-S	6-S	12-S	18-S	25-S	35-S	50-S	70-S	100-S	140-S	200-S	280-S	400-S	560-S
	0.1 以下	0.2 以下	0.4 以下	0.8 以下	1.5 以下	3 以下	6 以下	12 以下	18 以下	25 以下	35 以下	50 以下	70 以下	100 以下	140 以下	200 以下	280 以下	400 以下	560 以下
记号	无记号或者～																		
锻造								← 精密	—	—	→	←	—	—	—	—	—	—	→
铸造								← 精密	—	—	→	←	—	—	—	—	—	—	→
压铸								←	—	→									
热轧								←	—	—	—	—	—	→					
冷轧			←	—	—	—	—	→											
拉伸						←	—	—	—	—	→								
挤压						←	—	—	—	—	→								
翻转		←	—	—	→														
吹砂								←	—	—	—	→							
转造				←	—	→													
倒三角记号	▽▽▽▽					▽▽▽		▽▽			▽								
铣刀正面削						← 精密	→	←	—	—	—	—	—	→					
平切削								←	—	—	—	—	—	→					
形状切削								←	—	—	—	—	—	→					
铣刀切削						← 精密	→	←	—	—	—	—	—	→					
精密钻孔机				←	—	—	→												

续表

表面粗糙度的表示	0.1-S	0.2-S	0.4-S	0.8-S	1.5-S	3-S	6-S	12-S	18-S	25-S	35-S	50-S	70-S	100-S	140-S	200-S	280-S	400-S	560-S
加工方法	0.1以下	0.2以下	0.4以下	0.8以下	1.5以下	3以下	6以下	12以下	18以下	25以下	35以下	50以下	70以下	100以下	140以下	200以下	280以下	400以下	560以下
锉刀加工						精密													
圆削				精密		上			中						粗				
钻孔机						精密													
钻孔																			
通铰床					精密														
拉刀切削					精密														
削片																			
切削			精密	上		中				粗									
HORN加工			精密																
超精加工		精密																	
PUFF加工			精密																
PAPER加工			精密																
磨平加工		精密																	
液体悬吊			精密																
磨光																			
轧辊精加工																			
化学抛光						精密													
电解抛光			精密																

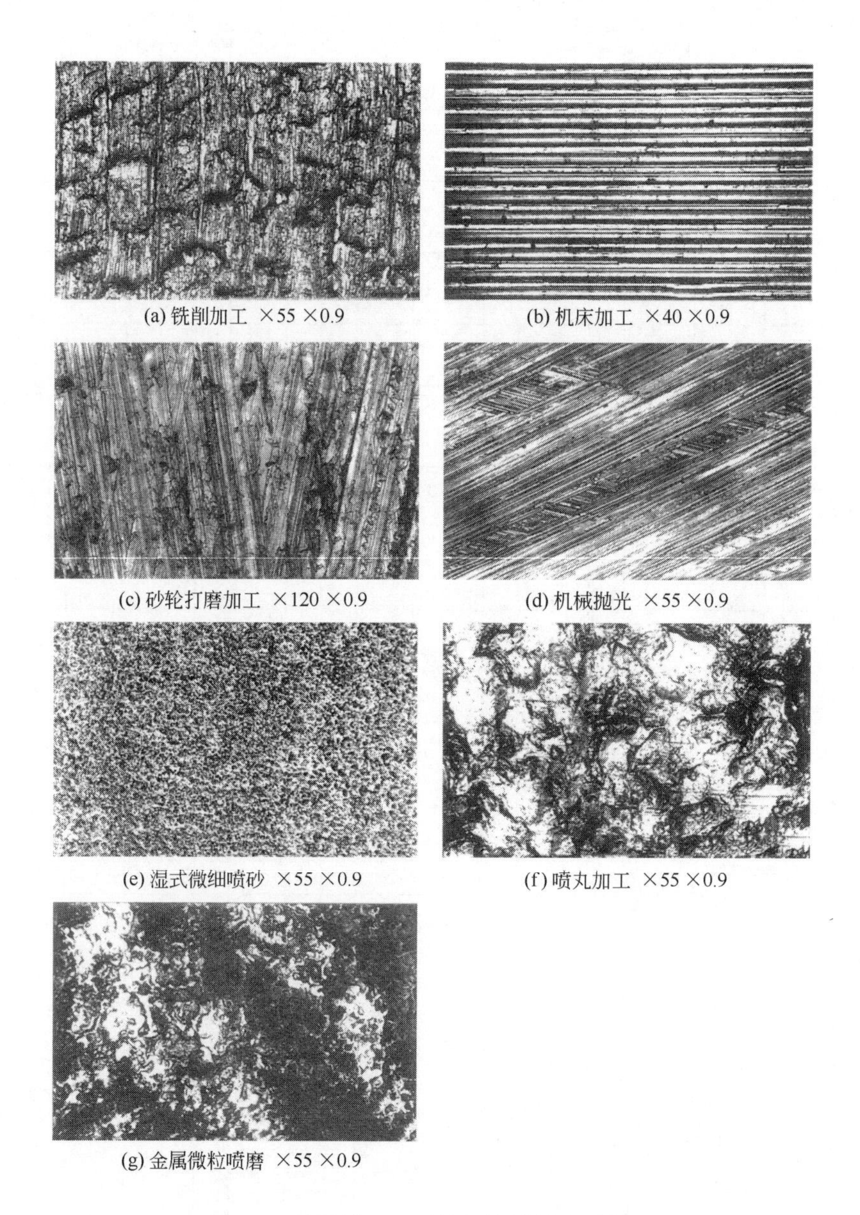

图 1-1 经机械加工后的钢铁材料表面状况

1.3 表面粗糙化方法

如表 1-1 所示，改变表面粗糙度的方法有：机械法、化学法以及电解法等。

表面粗糙化具有代表性的案例——用化学蚀刻法增大铝电解电容表面积。化学蚀刻、电解蚀刻这两种方法都是将盐酸、氯化铜、氯化铁、氯化铝等作为蚀刻液单独或混合使用。

用蚀刻法会使比表面积的增大受蚀刻液浓度、温度、浸泡时间等影响，同时也受使用的铝材材质和结晶状况的影响。

表 1-2 铝被盐酸蚀刻后的效果

HCl 质量分数/%	温度/℃	浸泡时间/min	表面积增大量倍数（平滑板面积基准为 1）
5	30	5	1.3
10	30	5	2.0
15	30	5	3.1
5	70	1.5	2.9
10	70	1.5	5.8
15	70	1.5	6.7

表 1-2 所示是纯度为 99.99%的铝被盐酸蚀刻后的效果[4]。实际应用中，几何面积为 1 时，比表面积可能增大 6～7 倍。另一方面，喷磨处理为主的机械蚀刻增加的比表面积是难以计算的。表 1-3 所示为喷磨处理方法分类[5]。

表 1-3 喷磨处理方法分类

分类	名称（简称）	原理
干式	离心力喷磨（DC）	用旋转磁盘离心力投入研磨材料
	气动力喷磨（DA）	用压缩空气流供给研磨材料，从喷嘴喷射
	真空力喷磨（DV）	在空气喷磨喷嘴附近设置吸附器具，在喷射后吸附研磨材料和产生的粉末
湿式	湿气喷磨（MA）	用气动喷射法喷射润湿研磨材料
	湿式气动喷磨（WF）	给压缩空气流添加水分，用水雾喷射
	泥浆喷磨（WS）	给水流加研磨材料用泥浆喷射
	喷水喷磨（WJ）	流动高压水主体加入研磨材料，水流喷射

另外，有关粗糙度的表示方法一般在机械部件图纸上标记号。记号有倒三角记号（▽）以及波形记号（～）。倒三角记号表示采用去除材料的加工方式获得相应表面粗糙度，波形记号是采用不去除材料的加工方式获得相应表面粗糙度。此类关系如表 1-4 所示[6]。

表 1-4　精加工记号的表面粗糙度区分

精加工记号	表面粗糙度的区分值		
	R_{max}	*Rz*	*Ra*
▽▽▽▽	0.8S	0.8Z	0.2a
▽▽▽	6.3S	6.3Z	1.6a
▽▽	25S	25Z	6.3a
▽	100S	100Z	25a
～	无特殊规定		

1.4　表面喷砂粗糙化处理后的物理性质

1.4.1　喷砂处理导致的表面状态变化

一般在自然环境中，金属加工表面如图 1-2 所示，由油脂杂质污染层、吸附气体层、氧化膜、加工变质层及基体等复杂结构构成[7]。这个加工变质层也称作“beilby”层。

图 1-3 是把牌号 1050 的铝板用颗粒度为#180 的氧化铝磨料，在喷射压力 294.2kPa（3kgf/cm^2）下喷砂 30s，再进行硫酸阳极氧化生成 15μm 厚的氧化膜。然后在扫描电子显微镜下，观察阳极氧化膜生长方向的变化。从生长方向可以看出由喷砂处理过的表面层非常坚固[8]，有效面积大，生成的氧化膜会变成灰色，热变形时不易产生裂纹。喷砂处理后表面残留的磨料必须清除干净。

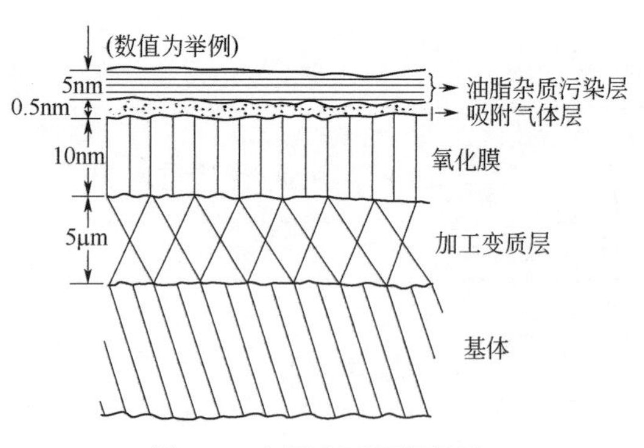

图 1-2　金属表面层的构造

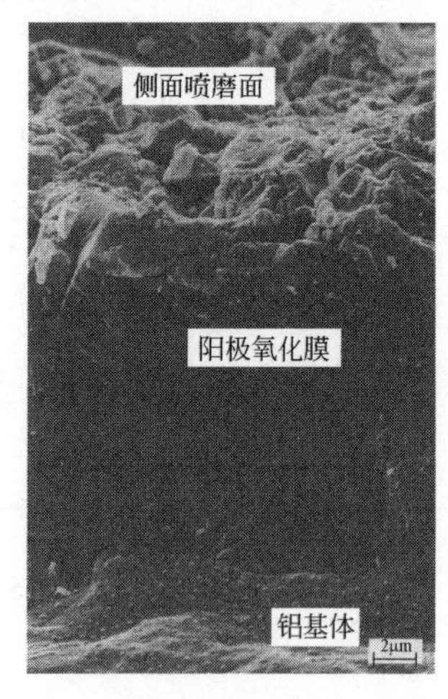

图 1-3　喷砂处理后表面生成的硫酸氧化膜

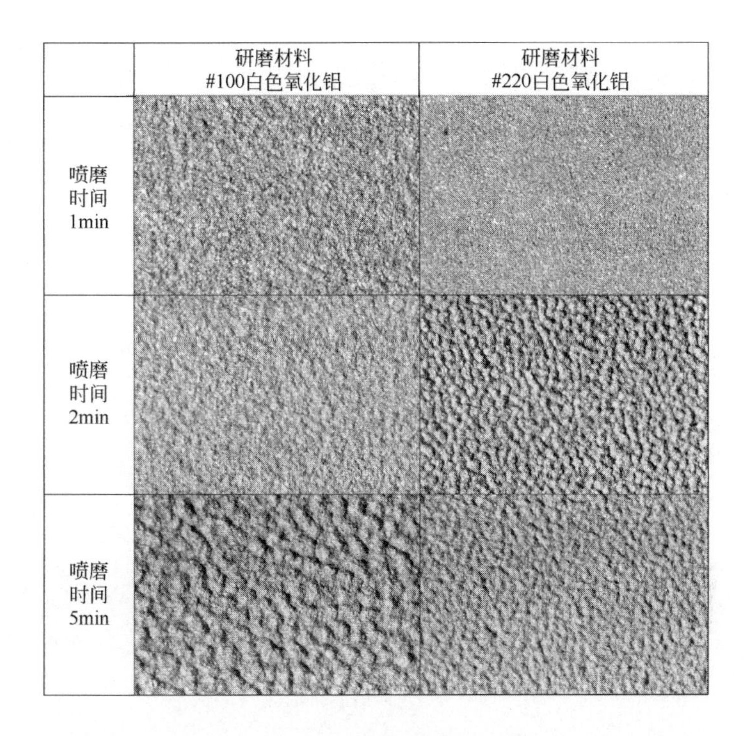

图 1-4 由#100 以及#220 白色氧化铝进行表面干式喷磨处理

图 1-4 和图 1-5 所示是用粒度＃100 及＃200 的白色氧化铝磨料经过 1min、2min 及 5min 喷砂处理后的表面状态，表面粗糙度用 Ra 或 R_{max} 值表示[8]，从中可以观察到表面状态和粗糙度数值大幅度变化。这些阳极氧化处理后会产生不同程度的亲水性、散热特性、黏结特性和色调。

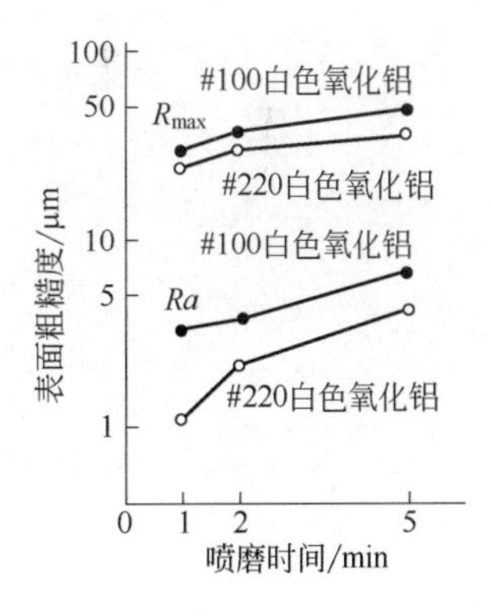

图 1-5 喷磨时间和表面粗糙度

1.4.2 由表面粗糙化引起表面毛细管状现象

铝阳极氧化膜的应用中，有一种使氧化膜表面增加亲水性的情况，即散热片表面的亲水化处理。

图 1-6 和图 1-7 是观察相关湿度的变化[8]的图。图 1-6 所示是干式喷砂分别采用＃100 和＃220 白色氧化铝磨料将铝板材表面粗糙度（Ra）调整为 3μm、5μm、7μm 及 10μm，去离子水浸渍 30s 后立即取出，倾斜 30°

放置，用肉眼观察喷砂面彻底干燥的时间。由于表面粗糙度不同导致初始含水量有差异，因毛细管现象存在表面浸透力变强、浸透速度变快的情况。图 1-7 所示为表面粗糙度 3μm 和 10μm 的表面浸水状况。可以观察到相比粗糙度 10μm 的表面来说，粗糙度 3μm 的表面因毛细现象，水的扩散进展更加顺畅。

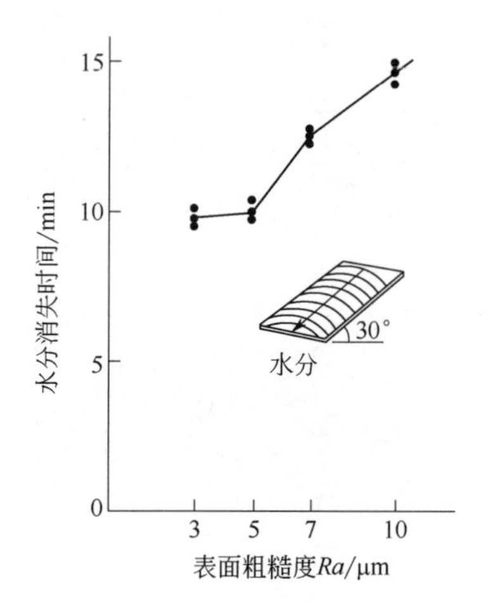

图 1-6　表面粗糙度和水分消失时间

(a) 研磨剂：#220白色氧化铝

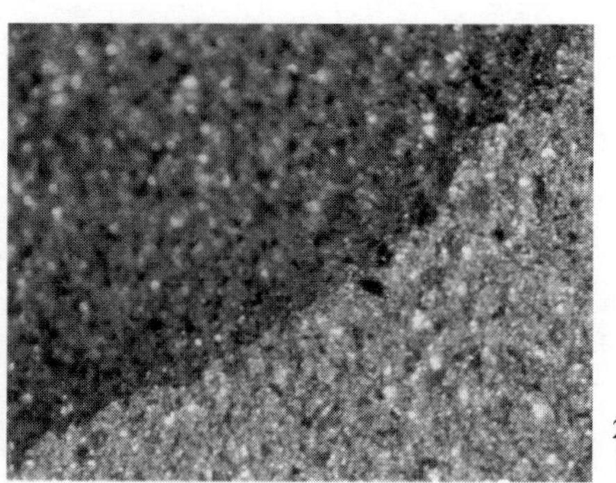

(b) 研磨剂：#100白色氧化铝

图 1-7　由毛细管现象看喷磨处理表面的水扩散状况

1.4.3 表面粗糙化导致导热性质变化

铝的热传导性在实用金属中仅次于银和铜，故铝作为散热材料被大量应用，尤其在大多物理、化学和电化学表面处理时被当作提高传热效率的材料使用。一般热传导计算使用傅里叶热传导定律[9, 10]。

$$Q=-\lambda A(\mathrm{d}t/\mathrm{d}x)$$

式中，Q 为传导热量，W；A 为垂直于热流方向的传热面积，m^2；$\mathrm{d}t/\mathrm{d}x$ 为流经方向的温度梯度，K/m；λ 为热导率。

从公式中可看出，散热片要提高散热性，扩大散热面积 A 很关键。

我们用市场销售的 4 种牌号 6063 的铝合金挤压型材散热片进行实验。①仅仅进行过脱脂的产品；②使用有机染料对 10μm 硫酸阳极氧化膜进行黑色染色的产品；③对基材用＃100 白色氧化铝磨料进行喷砂处理过的表面粗糙化的产品；④基材喷砂处理后进行阳极氧化生成 10μm 阳极氧化膜，用有机染料进行黑色染色的产品。使用 22W 陶瓷发热源紧贴散热片来观察温度上升情况。注意散热片周围是自然对流状态。图 1-8 所示是此时散热变化情况[11]。用散热面温度减去环境温度，温度差 ΔT 越低，散热片散热性越好。从结果来看，自然空气冷却型散热片经过喷砂处理的粗糙表面可以提高 10%左右散热性。另外，喷砂处理后阳极氧化染成黑色的材料散热性可以提高 20%左右。

综上所述，对具有代表性的铝散热材料的表面进行适当的表面粗糙化和阳极氧化后染黑可有效提高散热性。

图 1-9 所示：①未进行喷砂处理，厚度为 1mm 的牌号 1100 的冷轧铝板；②将此铝板用＃100 白色氧化铝磨料进行喷砂处理，表面粗糙度（Ra）为 5μm；③将此铝板施以 10μm 硫酸阳极氧化处理，用有机黑色染料充分染色。准备好后，置于傅里叶变换红外（FT-IR）光谱仪，得到 200℃状态下的远红外光谱放射率曲线图[11]。

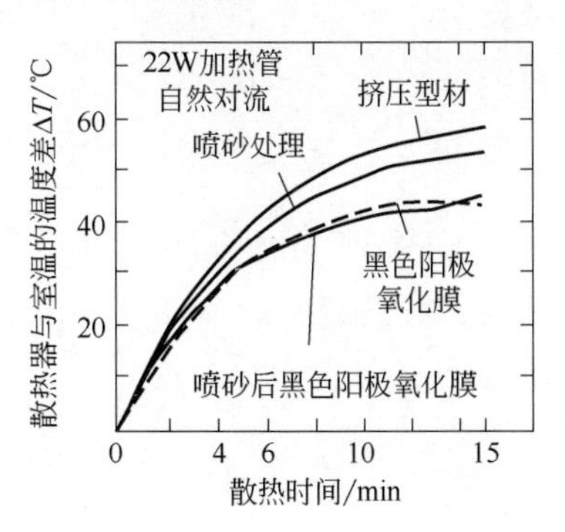

图 1-8　自然对流时散热器的表面处理和散热性

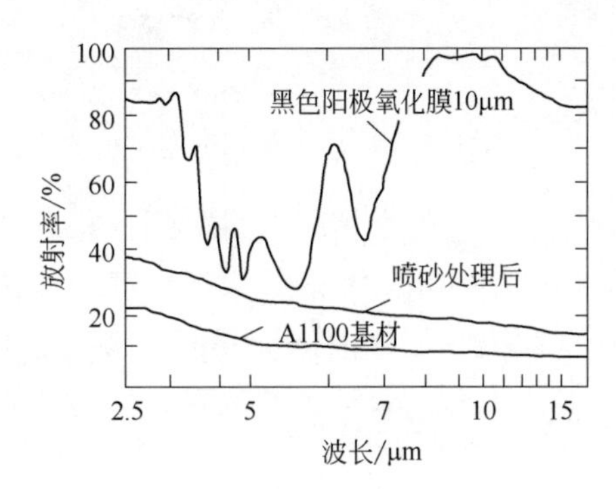

图 1-9　由表面处理看远红外光谱放射率的变化

对铝基材进行喷砂处理，远红外放射效果与散热片温差影响一致。将两种材料进行对比，基材的远红外放射率停留在 30%左右；表面喷砂后进行阳极氧化处理及染黑的材料，显示在波长 3μm 及 6μm 附近放射率达到70%左右。

1.5 用氯化亚铁进行表面粗糙化研究

蚀刻是对材料表面以化学或电化学的手段进行溶解的方法[12]。药剂的选择取决于蚀刻的目的：由酸性溶液（比如硝酸/氟酸混合液）[13]到碱性溶液（比如氢氧化钠溶液、氢氧化钠/磷酸化钠混合溶液）[14]，氟化铵/硫酸铵混合溶液，氟化铵溶液等多数药剂的使用都具有蚀刻的作用[14]。选择 3mm 厚牌号 6061 的冷轧板材进行实验，蚀刻溶液使用作为铝电解电容器蚀刻溶液的氯化亚铁溶液，实验结果如图 1-10 所示。将质量分数 5%$FeCl_2$ 水溶液加热至（50±2）℃，分别浸渍 1min、3min、5min、7min、10min 时测量挤压方向表面粗糙度。

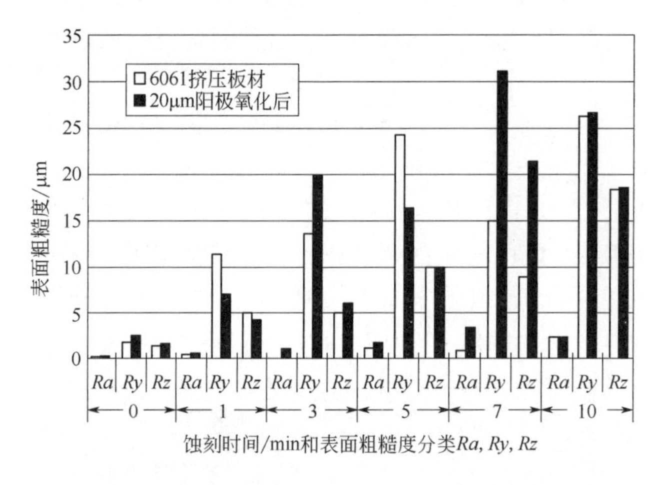

图 1-10 氯化亚铁水溶液处理的 6061 合金以及阳极氧化膜表面粗糙度的变化

另外，此类相同材料放到体积分数 13%的硫酸溶液中，在 15℃进行阳极氧化生成 20μm 厚的阳极氧化膜，测量氧化膜表面粗糙度。

此类蚀刻溶液处理并充分洗净后和硝酸水溶液一起进行除灰处理。

1.6 总结

为提高被阳极氧化处理过的铝电解电容器、散热片或者远红外辐射体的性能，采用物理的、化学的或电化学的方法，扩大材料表面的比表面积是非常重要的。对此类现象充分理解并积极进行应用，今后开发更加环保有效的表面粗糙化处理技术变得愈发迫切。

参考文献

[1] 大谷南海男：金属表面工学、日刊工業新聞社（昭和37)、p.2
[2] 中山孝康：アルミニウムの表面処理、日刊工業新聞社(昭和 44)、p.47
[3] 桑山 昇（訳)：摩擦と摩耗のマニュアル、泰山堂（平成 11)、p.30-31
[4] 小山正史：金属表面技術便覧、日刊工業新聞社（昭和38)、p.686
[5] 青木：溶射・ライニング専門部会第 13 回例会資料、表面技術協会、p.19
[6] 機械要素の表面粗さ http://www.juntsu.co.jp/qa/qa1509.htm
[7] 田中久一郎：摩擦のお話し、日本規格協会、p.22
[8] 前嶋、猿渡、平田、久米田、高原、川平、武井：フジクラ技報 第 19 号（1996)、p.58-62
[9] 理化学辞典 第 4 版、岩波書店、p.1289
[10] 化学装置 特集号、No.12（1995)、p.117
[11] 前嶋正受、猿渡光一：表面技術協会 第 95 回講演大会要旨集 26C-5（1997)
[12] アルミニウム表面処理ノート 第 6 版、軽金属製品協会試験研究センター、p.236
[13] 中山孝康：アルミニウムの表面処理、日刊工業新聞社(昭和 44)、p.268
[14] アルミニウム表面処理ノート 第 6 版、軽金属製品協会試験研究センター、p.15

第 2 章

观察划痕实验导致铝阳极氧化膜表面缺陷

高谷松文　前岛正受　猿渡光一　冈田健三

2.1 概要

因为铝阳极氧化膜硬度和耐磨性等优异的力学性能，功能性阳极氧化膜被大量应用。阳极氧化膜也被称为氧化铝陶瓷。作为基体的铝本身是软质金属，和阳极氧化膜复合在一起表现出复杂的硬度和耐磨性。

本章对蓝宝石压头刮擦铝板材上厚度各异的阳极氧化膜造成的受损变形情况进行观察，最后对功能性优异的阳极氧化膜的力学性能进行研究和深入探讨。

2.2 陶瓷和铝复合体

据 A.G.Evans 等人的资料记载[1]，陶瓷因硬质颗粒刮擦产生裂痕，如图 2-1 所示：在刮擦方向的中间裂纹的垂直方向平行产生横向裂纹。刮擦力大时伴随横向裂纹并产生碎屑，说明此时产生了脆性破坏[2-5]。

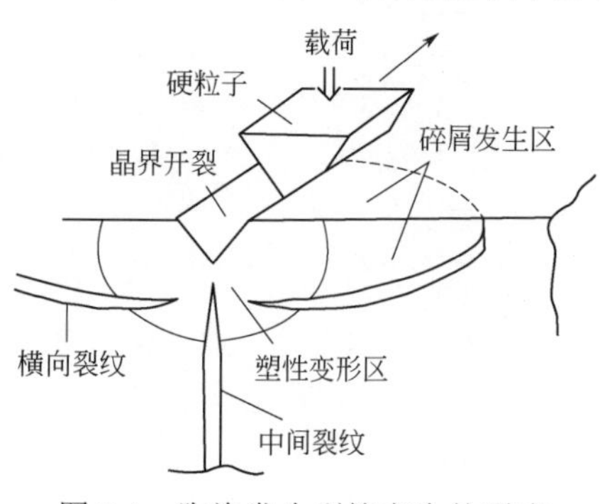

图 2-1　陶瓷发生刮擦产生的裂痕

另一方面，对阳极氧化硬质氧化厚膜同样施以刮擦，也会产生中间裂纹和横向裂纹。观察这些现象发现，阳极氧化膜的破坏和脆性陶瓷的破坏有相似之处[6]。

陶瓷仅是单独变形，阳极氧化膜是以软质金属铝为基底的层叠状态，并且坚硬的上层氧化膜和软质铝基材保持复合体，在外力作用下产生的变形相对复杂。

将彻底退火后直径4.8mm的1080铝线放入20℃硫酸溶液里氧化，生成30μm阳极氧化膜，然后用小型材料实验器加载500kgf（4.9kN）载荷，可以观察到压缩后阳极氧化膜的破坏状况，坚硬的氧化膜破碎进入铝基材，破碎状况如图2-2所示[7]。

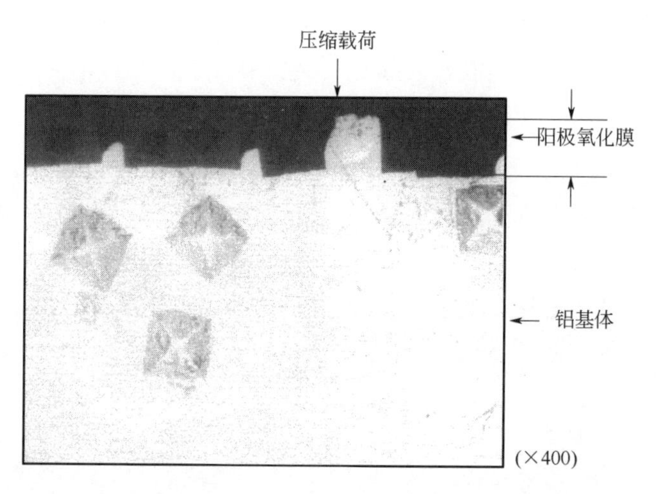

图2-2　用500kgf压缩后30μm厚阳极氧化膜的变形情况

如图2-3所示，以钢丝为内芯外表包裹250μm铝，制成直径5mm钢铝

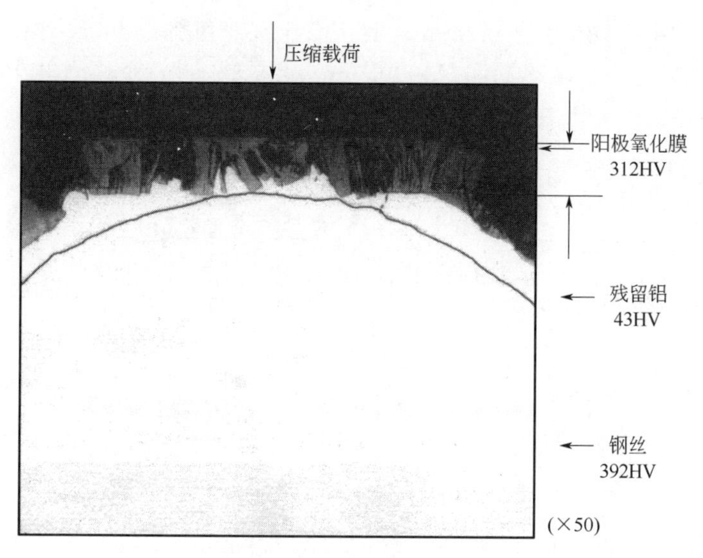

图2-3　用500kgf压缩后200μm厚包覆在钢丝上的阳极氧化膜的变形情况

线，之后再次生成 200μm 厚铝阳极氧化膜，加载 500kgf（4.9kN）载荷，可观察到阳极氧化膜压缩后的破坏状况。由于内芯为硬钢丝，钢丝线和氧化膜变形，但是没有观测到氧化膜碎屑被挤入钢丝线中[8]。

综上，阳极氧化膜机械特性与铝基材的关联性紧密。

2.3 划痕缺陷引起局部变形的观察实验[6]

此处分析铝阳极氧化膜作为增加耐磨耗性的手段，考察用蓝宝石压头刮擦铝及阳极氧化膜产生的裂纹形状以及裂纹种类。

2.3.1 实验方法

以中性脱脂剂将 1mm 厚的牌号 1050 的铝板材脱脂，然后置于 20%硫酸水溶液中，调整溶液温度至 10℃，电流密度 2.5A/dm^2，生成膜厚度分别为 3μm、5μm、10μm、15μm、25μm、30μm 以及 90μm 的氧化膜，随后浸于（50±2）℃的纯水中 5min，常温干燥后保存。

2.3.2 测定方法

（1）划痕试验机

图 2-4 所示为试验机示意图。固定划痕压头和载荷之后，将经过阳极氧化处理的试验片固定在底座上以一定速度移动，用应变计测出划痕变形时施加的力度。用头部半径为 0.2mm 的蓝宝石压头垂直施加 9.8N 载荷，底座移动速度为 50mm/min，移动间距为 25mm。用 9.8N 的应变计测量 25mm 间距内的移动的变形力并记录下来。

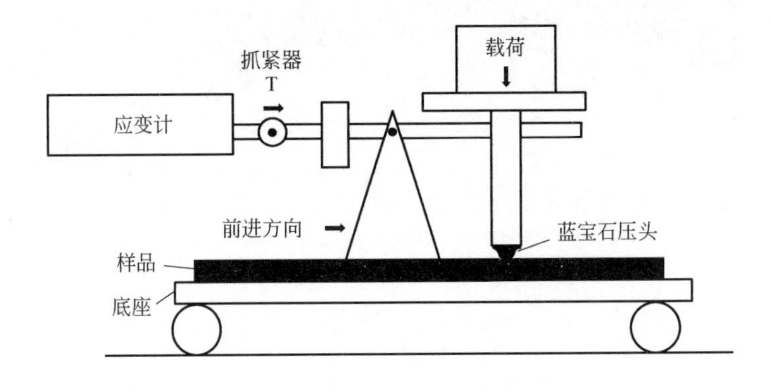

图 2-4 划痕试验机示意图

（2）观察划痕表面

用光学显微镜观察划痕表面外观及伤部横截面形状，测量划痕表面粗糙度变化及各个氧化膜横截面硬度，记录纸上的曲线起伏记录了 25mm 长的划痕实际状态，可以观察到存在黏滑现象。

2.3.3 实验结果及思考

（1）氧化膜厚度的影响

图 2-5 展示了从铝基体到 90μm 厚氧化膜的 9 组试片划痕断面形态图。可以看出随着阳极氧化膜厚度的增加，划痕部位的损伤深度在减小。

60μm 的氧化膜试片可以看到阳极氧化膜明显变形，并观察到横向裂纹。氧化膜达到 90μm 时，可以看到横向裂纹和中间裂纹初步显现，但是横向裂纹数量极少。由划痕产生的裂纹与其种类受氧化膜厚度及硬度影响。

图 2-6 显示的是用压在压头上的物体质量除以蓝宝石压头和试验片的接触面积（图 2-5），即抗划伤率。划痕对氧化膜的破坏随着氧化膜变厚而减少。氧化膜的耐划痕变形强度与单独铝基体的变形强度相比较，显示出，15μm 的氧化膜是铝基体的 1.2 倍，60μm 的氧化膜是铝基体的 2.3 倍，90μm 氧化膜是铝基体的 2.7 倍。从结果可以观察到厚氧化膜不易发生划痕。

图 2-7 为 9 种厚度的氧化膜试样划痕处放大 100 倍的表面状态。此照片是划痕试验长度 25mm 中间点附近的变形状态。

图 2-8 所示是从氧化膜厚度和表面所看到的划痕损伤幅度与其损伤部位的最大粗糙度的关系。损伤幅度和最大粗糙度存在关联性：随着氧化膜变厚，损伤幅度减小。虽然图 2-7 没有显示出来，但是在划痕试验开始的起点处，将划痕压头压下时确实存在放射状裂纹。在中间随着压头的移动，横向裂纹以一定间隔连续发生，从两侧约 10°～45°角，接近中间裂纹向划痕行进方向不连续地展开。在中间氧化膜薄的位置可以观察到黏滑现象。

在划痕终点，会有因急停产生惯性裂纹的情形。如果氧化膜薄，会产生比划痕起点更严重的变形；如果氧化膜厚，则看不出与起点的差异。

（2）变形力曲线

图 2-9 所示为记录仪记录的变形力曲线。从图 2-5 及图 2-7 可以观察到随着氧化膜变厚，变形力减少。由变形力曲线看出，比起铝基材本身，有 3～5μm 厚氧化膜时其变形力增大。可以推测是压头压入铝基材前，厚度薄但坚硬的氧化膜被破坏要消耗较大的力。氧化膜薄的时候变形力曲线起伏不大，容易出现黏滑现象。

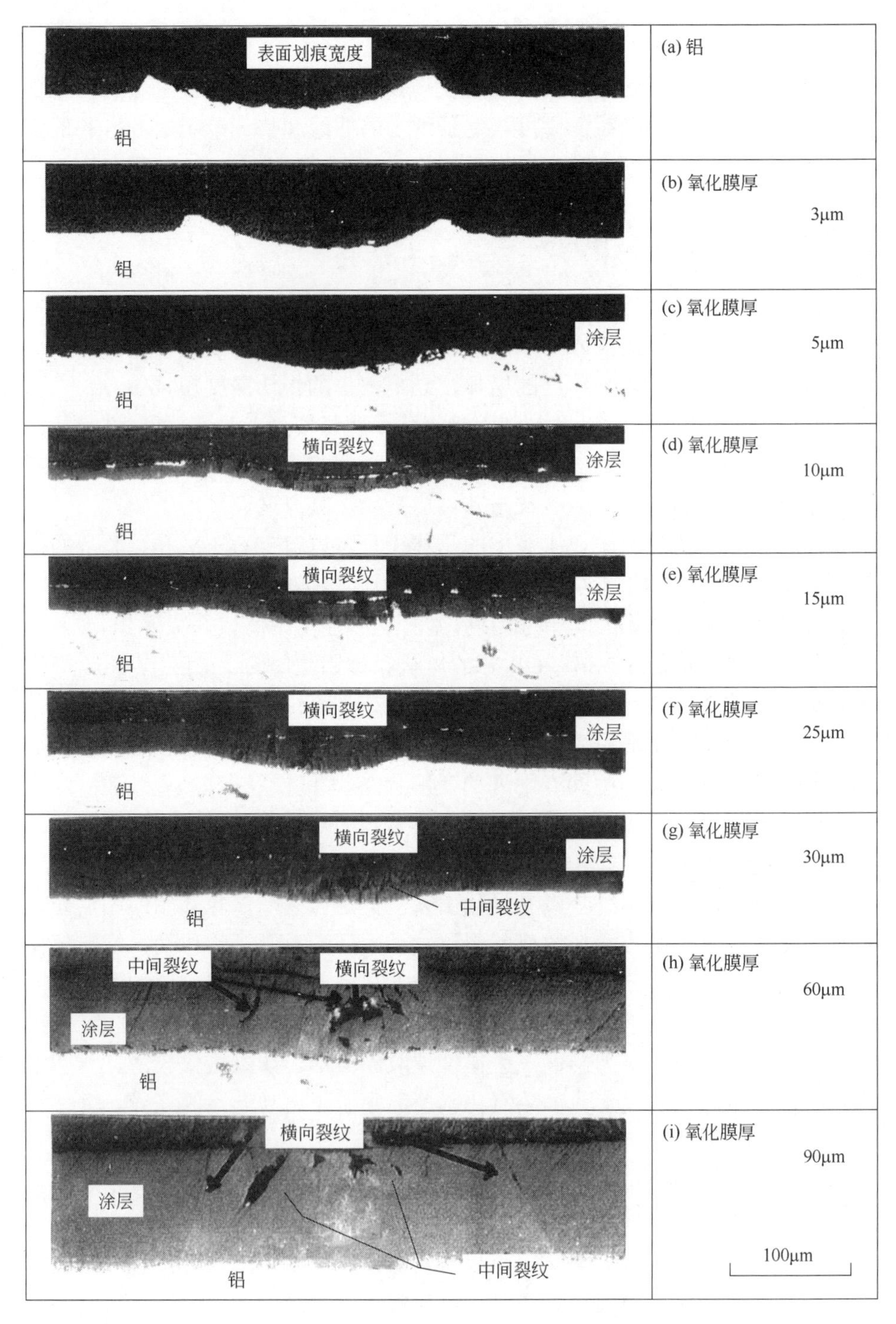

图 2-5　由试验截面看阳极氧化膜厚度和划痕的产生状况

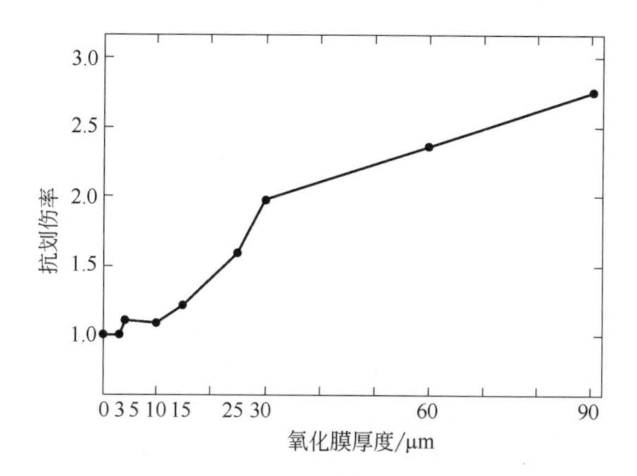

图 2-6　阳极氧化膜厚度和抗划伤率（引脚载荷/试样变形面积的关系）

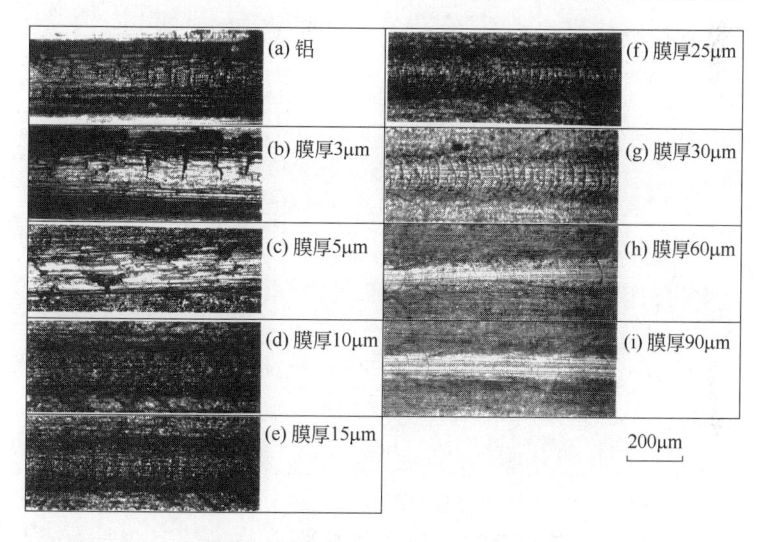

图 2-7　由试样表面看阳极氧化膜的厚度和划痕的发生状况

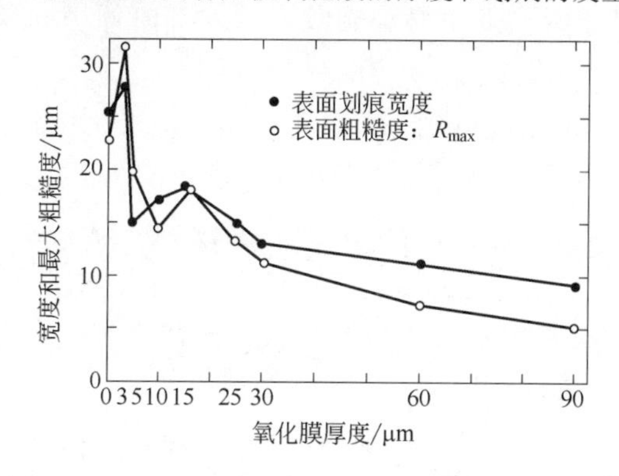

图 2-8　阳极氧化膜厚度和划痕损伤幅度及划伤部位最大粗糙度的关系

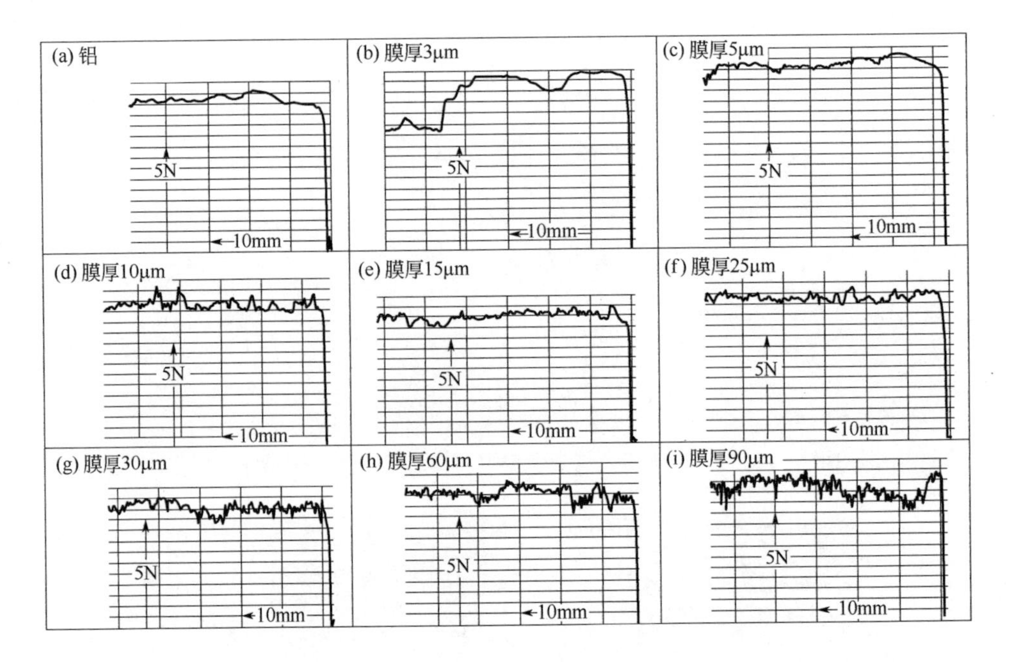

图 2-9　阳极氧化膜厚度和发生划痕时的变形力曲线

2.4　结论

对半径 0.2mm 的蓝宝石压头施加 9.8N 载荷，对不同厚度阳极氧化膜进行划痕实验，所得结果如下：

① 由划痕对阳极氧化膜破坏结果来看，膜越厚防破损力越强，对提高耐磨性能越有效。

② 划痕对裂纹产生的影响，根据氧化膜厚度不同多少是有差异的，到 40μm 左右时，氧化膜易发生横向裂纹，很厚的时候横向裂纹和中间裂纹都会产生。

③ 由变形曲线可以观察到，纯铝基材和铝阳极氧化膜很薄的时候，因为压头深入铝基体，其变形量增大，变形力也增大。

2.5　由铝阳极氧化膜的摩擦磨耗看表面构造

一般摩擦磨耗时阳极氧化膜与钢铁材料相比，耐冲击、赫兹应力（最大接触应力）、重复应力的性能较低。

图 2-10 显示的是铝阳极氧化膜表面构造的实际情况[9]，氧化膜表面是三层结构，可以有效提高耐磨性。

三层结构最外层是软质，剪切应力低且热导率高。第二层为不易塑性变形并具有压缩应力的硬质层。第三层是同样具有压缩应力，硬度逐渐变化的硬质层。具有此相似构造的例子是给钢铁材料上镀铬后在最外层涂抹固体润滑剂。

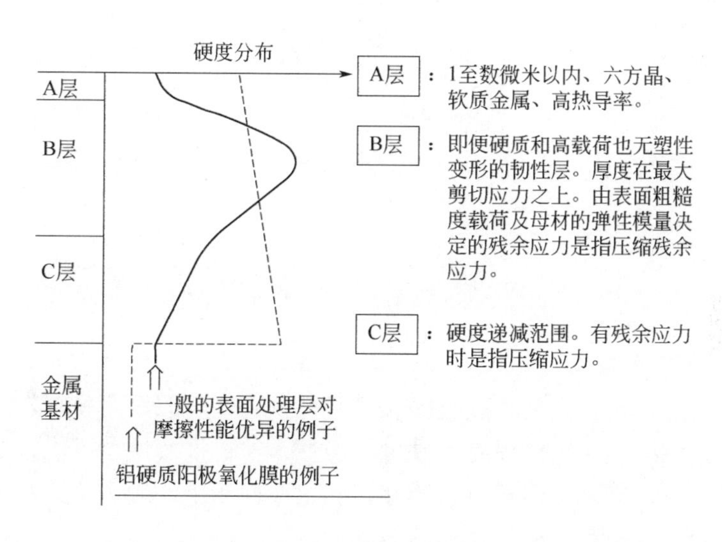

图 2-10　为提高摩擦性能滑动体表面原则上的三层结构

摩擦和磨耗是非常复杂的，产品具有润滑作用会降低摩擦系数、摩擦力和磨耗量，根据滑动对象和滑动条件的不同，其润滑作用在很多时候也会起到磨削摩擦面的作用。产品作为润滑剂使用时要具体情况具体分析。硬质阳极氧化膜是在硬度低的铝合金（最大 150HV）上生成的结合力优秀且硬度很高的氧化膜（最大 500HV，最外层会降低 50HV 左右）。但是硬质阳极氧化膜最外层不存在类似普通氧化膜的软质层。在这种情况下，发生的划痕问题主要是受到铝基材的影响。

从实际情况出发，考虑到铝基材硬度，必要且理想的铝阳极氧化膜的表面结构，如图 2-10 所示。

2.6　铝阳极氧化膜对抗划伤是否更有优势[10]

图 2-11 所示是温度 20℃时在牌号为 1050 的铝板上生成的 1μm、3μm 的硫酸阳极氧化膜，用顶端半径为 0.2mm 的蓝宝石压头施加 1N 的载荷进行划痕实验时表面发生的损伤状况。结果发现，即便表面存在极薄阳极氧化膜，也会出现硬度增加、划痕损伤降低的情况。

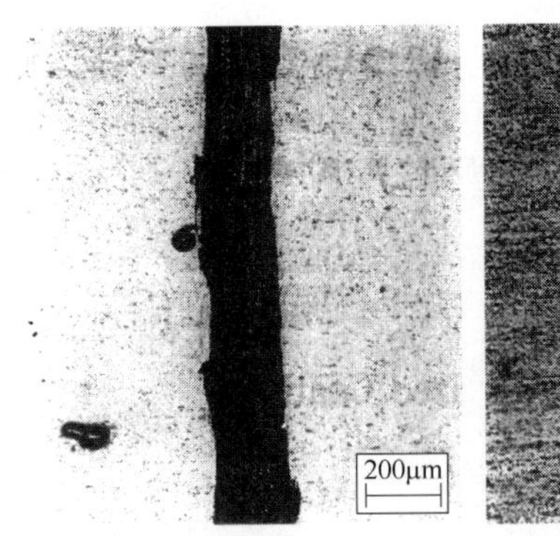

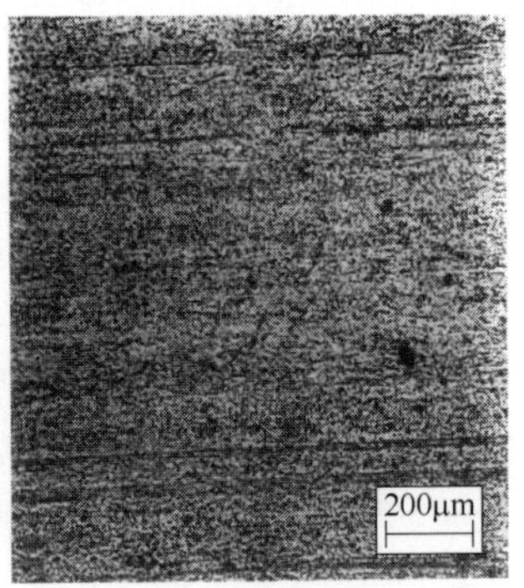

(a) 铝基体　(b) 阳极氧化膜厚度1μm　(c) 阳极氧化膜厚度3μm

图 2-11　由蓝宝石压头引起表面划痕的状况

2.7 总结

综上所述，铝阳极氧化膜是硬质且脆性陶瓷性质的氧化膜与软质铝基材的复合体，控制氧化膜的厚度、硬度、脆性，在机械特性上可以根据实际情况赋予其相应功能。铝阳极氧化膜存在的重要性在于，解决了铝的最根本缺陷——质地软且极容易留下伤痕的问题。

参考文献

[1]A.G.Evans, D.B.Marshall：ASM（1981），p439-452
[2] Hockin, H.K.Xu, S.Jahanmir：J.Mater.Sci, 30（1995），p2235-2247
[3]S.J.Cho, B.J.Hockey, B.R.Lawn, S.J.Bennison：J. Am.Ceram.Soc, 72（1989），p1249
[4]足立幸志、加藤康司、陳 寧：日本機械学会論文集 C 編 63-609（1997）
[5]北園 諭：日本機械学会関西支部第 232 回講習会「トライボロジーの最新実用技術」、p35-40
[6]前嶋、高谷、猿渡、岡田：軽金属 48、No.3（1998）、p123-126
[7]前嶋、猿渡、石和、高谷：表面技術、第 48 巻、第 2 号（1997）、p100-101
[8]鶏筆者未発表資料
[9]桑山 昇（訳）：摩擦と摩耗のマニュアル、泰山堂（1999）、p9
[10]前嶋、猿渡、平田、石塚、伊藤、高原、三戸：フジクラ技報、第 88 号（1995）、p33-36

第3章

铝阳极氧化膜内应力

高谷松文　前岛正受　猿渡光一

3.1　概要

提高机械零部件摩擦磨耗机械特性的手段有：增加表面硬度、增加抗疲劳强度和增加压缩残余应力等。利用膜层增加磨耗的对策有很多，具体有钢铁类表面热处理（高频淬火、加热淬火）、渗碳热处理、氮化处理等。比如高频处理是硬质层深度从 0.1mm 到数毫米，其硬度在 60HRC 以内。另外，所产生的内应力是极冷硬化与同素异构相结合，压缩残余应力达到 800MPa 左右。但在某一深度突然逆转为 250MPa 左右的残余拉伸应力的情况也经常发生。图 3-1 表示的是表面热处理引起的残余应力深度方向分布[1]。

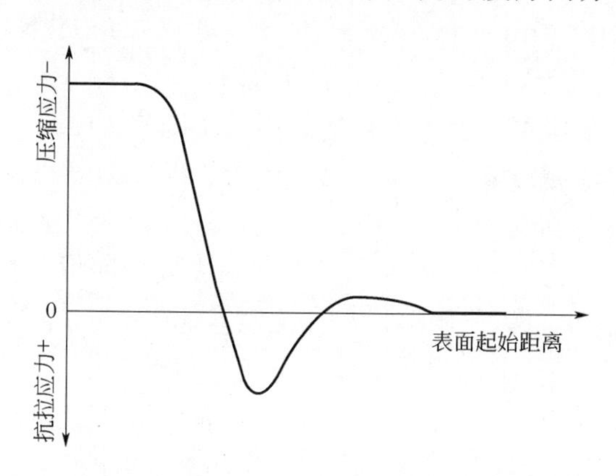

图 3-1　表面热处理引起的残余应力深度方向分布

表 3-1　常用电镀内应力

电镀种类	内应力
磷酸铜溶液	8.3MPa 抗拉应力
硫酸铜溶液 无添加剂	0.7MPa～10MPa 抗拉应力
有添加剂	-27MPa～100MPa 压缩-抗拉应力
镍溶液	150MPa 抗拉应力
磺胺酸镍溶液	14MPa 抗拉应力
酸性无电解 镀 Ni-P 合金溶液	压缩应力 pH 值变高时抗拉应力

在电镀时，电镀层产生残余应力，通常会影响电镀层的机械特性。表 3-1 所示是常用电镀镀层的内应力数值[2]。

图 3-2 所示是电镀时内应力的变形模型[3]。

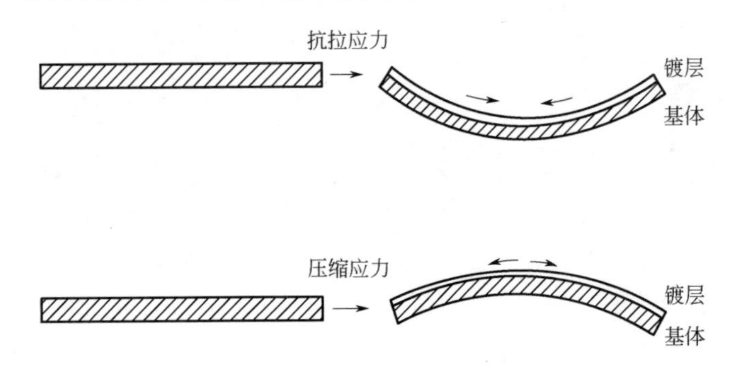

图 3-2　内应力变形模型

另一方面，D.J. Arrowsmith、E.A.Culpun 以及 R.J.Smith 就铝阳极氧化膜对阳极氧化时内部变形进行了测量，结论如下[4-8]：

① 多孔型氧化膜产生变形的最初原因是压缩应力。

② 保持低电流密度氧化产生的氧化膜的压缩应力减小，在高电流密度下（约 4.4A/dm^2）变为抗拉应力。

③ 氧化膜的变形是由于以低电流密度生成氧化膜时，在金属/氧化物界面氧化膜的生成点上，氧化膜晶格尺寸比铝基体的晶格尺寸大。

我们的经验是，对于钢材热处理、电镀、阳极氧化、热喷涂等表面处理过的机械零部件，为了得到优良的机械特性，表面残余应力必须是压缩应力。

内应力测量方法一般有螺旋型应力测量和 X 射线应力测量法，不管哪种方法，对铝阳极氧化膜的测量都是困难的[9-12]。

本章着眼于在对铝薄板单面阳极氧化处理时的翘曲变形，用 Barklie & Davies 的计算公式[13]代入翘曲变形量，计算出内应力并进行分析[14, 15]。

3.2 由阳极氧化膜的翘曲变形看其内应力存在实验

3.2.1 实验材料

① 确认由内应力产生翘曲变形的实验材料：厚 70μm、宽 25mm、长 100mm、牌号为 1080 的铝箔，经 400℃、1h 的热处理后，除去表面内部残余应力。单面粘贴屏蔽胶带作为实验用试样 A。

② 阳极氧化前准备表面同时具有压缩应力、拉伸应力的实验材料，将厚 100μm、宽 45mm、长 150mm、牌号为 1080 的铝箔，经 400℃、1h 的热处理。将热处理后铝箔沿长度方向卷在直径 28mm、长 200mm 的镜面状镀铬铁管上，使铝箔塑性变形为弯曲半径 16.3mm、长度 150mm 的弧形。让凹面产生压缩残余应力，让凸面产生拉伸残余应力。卷曲塑性变形的铝箔作为试验用试样 B-1；将卷曲塑性变形的铝箔凹面贴上屏蔽胶带作为试验用试样 B-2，拉伸残余应力侧进行阳极氧化处理；将卷曲塑性变形的铝箔凸面贴上屏蔽胶带作为试验用材料试样 B-3，压缩残余应力侧进行阳极氧化处理。

3.2.2 阳极氧化工艺条件

将试样 A 放在 15%硫酸溶液中，电流密度为 3A/dm^2，分别在溶液温度 5℃、15℃、22℃下生成 5μm、10μm 以及 20μm 厚的阳极氧化膜。

将试样 B-1、B-2 以及 B-3 放在 15%硫酸溶液中，电流密度为 3A/dm^2，溶液温度 5℃时生成 10μm、30μm 以及 50μm 的阳极氧化膜。阳极氧化膜生成后进行充分水洗，胶带和铝箔接触面用乙酸乙酯进行浸泡，使其黏着力逐渐变弱、剥离，在 60℃干燥后保存。

3.2.3 试验评价

用 Barklie & Davies 的计算公式计算出各试验材料内应力 σ：

$$\sigma=h^2E/6rd(1-d/h)$$

式中，σ 为内应力，kgf/mm^2（1kgf/mm^2=9.8MPa，余同），在氧化膜存在压缩应力时为正值；h 为铝箔厚度，mm；d 为阳极氧化膜的厚度，mm；E 为铝箔的弹性模量，7000kgf/mm^2；r 为翘曲变形的曲率半径，mm，中心在基材侧时表明阳极氧化膜存在压缩应力，显示凸面状态，曲率半径表示为正值。

曲率半径的测量是将翘曲变形的试样两端涂红色墨水，将墨水印在纸面上，对墨水痕迹进行测量。

3.3 实验结果

3.3.1 无残余应力的铝箔表面上的阳极氧化膜的翘曲变形情况

图 3-3 所示是从试样 A 的阳极氧化处理面观察翘曲变形。(a)、(b)、(c)是电解溶液温度分别为 5℃、15℃以及 22℃时生成的氧化膜。每张照片氧化膜厚度从左至右分别是 5μm、10μm、15μm 和 20μm。伴随氧化膜变厚，翘曲变形增大。氧化膜处于凹面，可以看到氧化膜内部应力被拉伸应力方向支配。

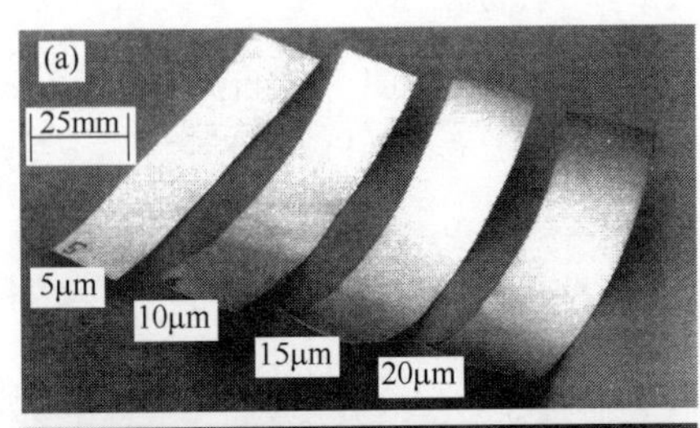

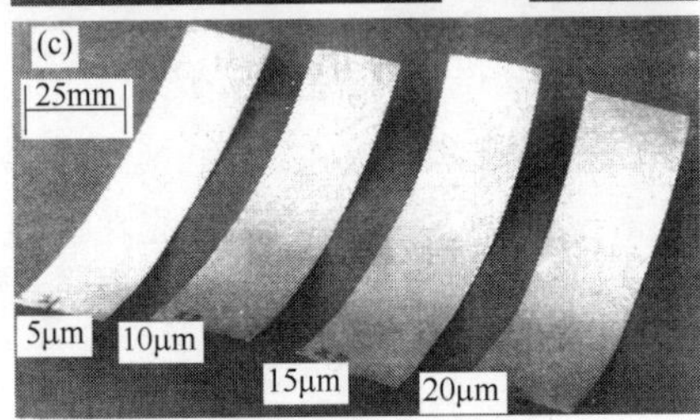

图 3-3 翘曲变形状况

(a) 电解溶液温度 5℃；(b) 电解溶液温度 15℃；(c) 电解溶液温度 22℃

图 3-4 所示是在铝表面阳极氧化膜形成时，氧化膜结构和内应力变化的示意图[14, 15]。氧化膜极薄的时候压缩应力占主导地位，伴随氧化膜的生长，因化学溶解和电化学溶解产生多孔层，拉伸应力占据主导地位。

图 3-5 是图 3-3 的各种试验材料用 Barklie & Davies 公式计算出的内应力，均为拉伸应力。氧化膜变厚，即便翘曲量变大内应力也并不一定增加。其中一个原因是在氧化膜的多孔内部会吸附电解质，并且吸附量随膜厚增加而增多。氧化膜厚度 5μm 时存在较大的拉伸应力。在另一个基础实验中发现氧化膜厚度在 3μm 时内部应力为零，氧化膜厚度 8μm 时内部拉伸应力达到最大值。

图 3-5 显示在溶液温度 5℃，氧化膜厚度 15μm 时内部拉伸应力达到最小值。其与溶液温度 22℃生成的氧化膜的应力曲线走势不一致，可以认为与氧化膜在硫酸电解溶液中的溶解相关。

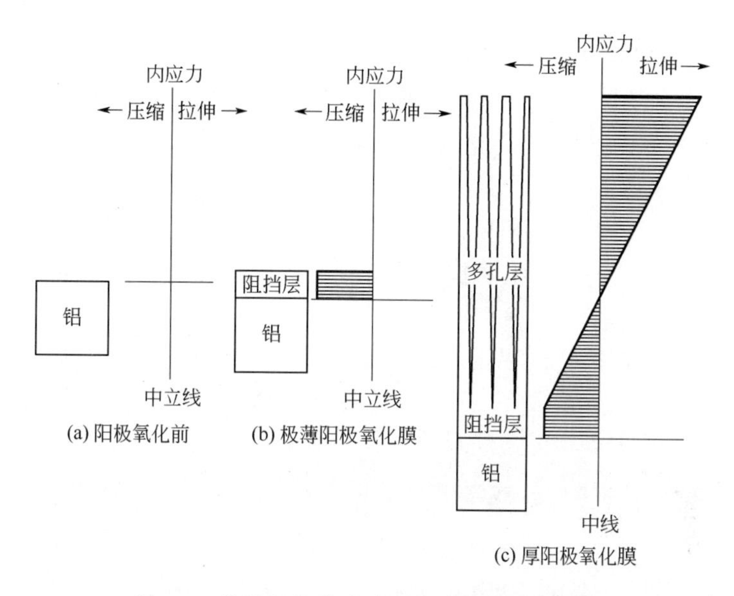

图 3-4　伴随氧化膜生成所产生内应力的变化

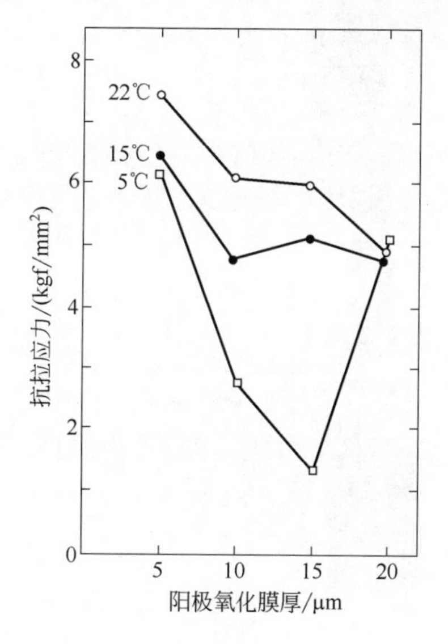

图 3-5　氧化膜厚度和内应力的变化

3.3.2 有残余应力的铝箔表面上的阳极氧化膜的翘曲变形情况

图 3-6 中（a）、（b）、（c）三组试样采用曲率半径 16.3mm、长度 150mm 的铝箔。从左到右，试样为 10μm、30μm 以及 50μm（仅 a 组有 50μm 氧化膜）阳极氧化膜处理时翘曲变形情况。

a 组是双面阳极氧化（无屏蔽），b 组是凹面侧阳极氧化（凸面侧屏蔽），c 组是凸面侧阳极氧化（凹面侧屏蔽）。

由图 3-6 中 a 组试样凸面阳极氧化膜的拉应力与凹面阳极氧化膜的压缩应力所形成的综合作用来看，铝箔的翘曲变形随着氧化膜厚度增加被逐渐缓解。

另一方面，对 b 组试样的压缩面进行阳极氧化处理时铝箔的翘曲变形增大了。同时可以看出，c 组对拉伸面进行阳极氧化处理时与 a 组试样一样翘曲变形被逐渐缓解了。

这种现象是在最初的铝箔两面存在的压缩应力和拉伸应力被消除的方向变形，在这种情况下形成在凸面上的氧化膜产生的内应力，比形成在凹面上的氧化膜内应力大 1～2kgf/mm^2（9.8～19.6MPa）左右。图 3-7 是此时计算出的内应力结果，凸面（convex surface）和凹面（concave surface）的应力数值不同。

图 3-6　膜厚引起的翘曲变形

（a）双面阳极氧化膜；（b）凹面阳极氧化膜；（c）凸面阳极氧化膜

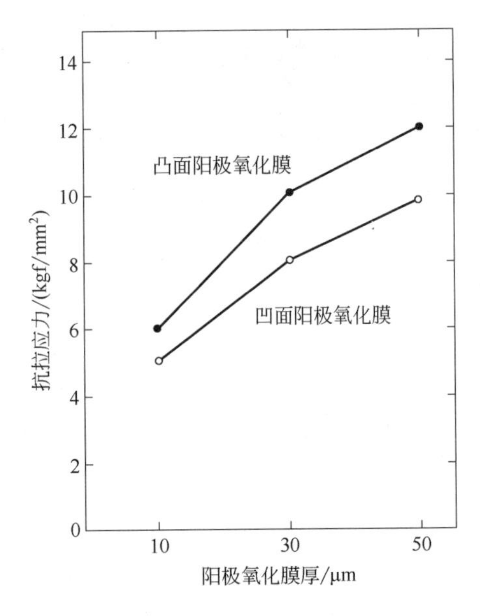

图 3-7　氧化膜厚度与内应力的变化

以上虽然是简单的方法，但用 Barklie & Davies 计算公式从翘曲变形中计算出了内应力。其结果因铝材材质、热处理和加工状态、前处理、阳极氧化处理条件、阳极氧化膜厚度等诸条件的变化而有所不同。可以推算阳极氧化膜存在的最大拉伸应力在 10kgf/mm²（98MPa）左右。此时应力值相当于电镀镍镀层内部应力的 67%左右。

3.4 阳极氧化膜的内应力和机械特性的变化

图 3-8 所示分别是图 3-6 中的（b）凹面（压缩应力内在面）和（c）凸面（拉伸应力内损面）生成的 15μm 阳极氧化膜，用球头半径 0.2mm 蓝宝石压头，加载 500gf（1N=102gf）载荷对阳极氧化膜表面刮擦时产生的裂纹状态。可以得出结论：存在压缩应力的氧化膜相比存在拉伸应力的氧化膜更加难以产生裂纹，从摩擦和磨耗的角度看，压缩应力存在是有益的。

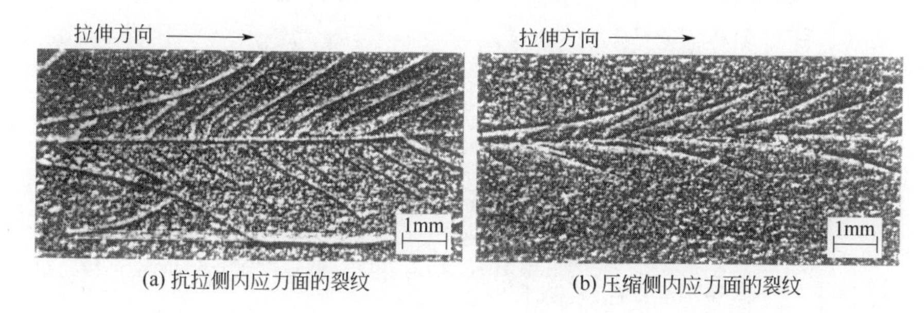

图 3-8　内应力和产生裂纹状态

图 3-9 是氧化膜硬度、产生裂纹的概率与内应力关系示意图。可以推断抗拉应力增加，氧化膜易发生裂纹、硬度相应降低。

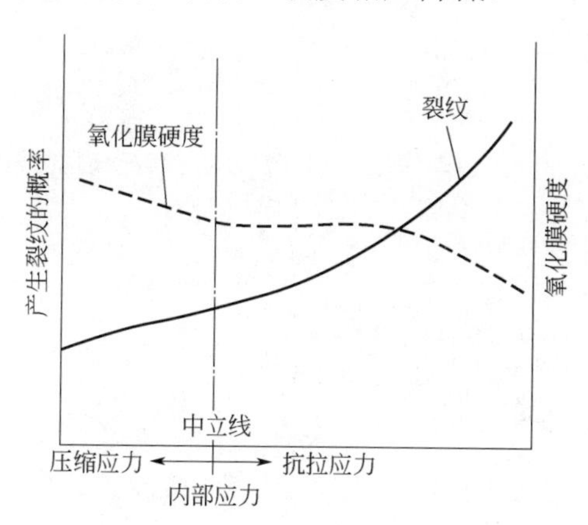

图 3-9　氧化膜内应力和硬度以及产生裂纹的概率关系

3.5 总结

以上用简单翘曲变形和内应力关系计算出了阳极氧化膜的内应力，相当于电镀镍镀层应力的70%左右。另外，拉伸残余应力面易发生裂纹，阳极氧化膜的机械特性降低。

相应的电解槽液、电流波形、合金材质的综合改善似乎已经解决了内应力问题，但在氧化膜成形阶段还要充分留意，使用能使拉伸残余应力减小的阳极氧化条件，以及保持必要的最小氧化膜厚度，对进一步提高阳极氧化膜的机械特性是非常重要的。

参考文献

[1]桑山 昇（訳）：摩擦と摩耗のマニアル、泰山堂（平成11）、p.200

[2]めっき技術ガイドブック 改訂版、日本鍍金材料協同組合（2004）、p.249,292

[3]めっき技術ガイドブック 改訂版、日本鍍金材料協同組合（2004）、p.97

[4]中山孝康：アルミニウムの表面処理、日刊工業新聞社（1969）、p.305

[5]三田郁夫：実務表面技術、33、(11) 22（1986）、(社)金属表面技術協会

[6] D. J. Arrowsmith, E. A. Culpun & R. J. Smith：Plating & Surfacefinishing, August, 48（1993）

[7] D.A.Vernilyea：J.Electrochem.Soc.110, 345（1963）

[8] T.P.Hoar & D.J.Arrowsmith：Trans Inst. Met. Finishing, 34, 354（1957）

[9]金原 黎、藤原英夫：薄膜、裳華房（1974）、p.127

[10]米谷 茂：残留応力の発生と対策、養賢堂（1975）、p.17

[11]金尾嘉徳：表面技術、43（7）667、(社)表面技術協会（1992）

[12]日本材料科学会編：X線応力測定法、養賢堂（1981）、p.54

[13] R.J.Barklie & J.D.Davies：Institute of Mechanical Engineering（1930）, p.731

[14]前嶋正受、猿渡光一、石和和夫、高谷松文：表面技術、Vol.46、No.9、(社)表面技術協会（1995）、p.856

[15]前嶋、猿渡、平田、石塚、伊藤、高原、三戸：フジクラ技報、第8号（1995）、p.33

第 4 章 铝阳极氧化膜摩擦/磨耗

高谷松文　前岛正受　猿渡光一　冈田健三

4.1 概要

在铝阳极氧化膜的机械特性试验当中，静态特性主要用硬度衡量，动态特性采用磨耗试验衡量。特殊目的时使用机械拉伸试验、疲劳试验等作为判断机械部件材料强度是否恰当的依据。表 4-1 所示是机械试验方法的相关项目内容。

表 4-1　机械性质试验方法

静态试验	动态试验
抗拉试验	冲击试验
压缩试验	疲劳试验
弯曲试验	蠕变试验
扭曲试验	磨耗试验
抗断裂试验	微动疲劳试验
硬度试验	

常见的摩擦、磨耗分类见图 4-1。其中滑动磨耗的情况最多。按分类来说分成黏着磨耗和磨料磨耗，根据摩擦程度分为轻度磨耗和重度磨耗。另外根据摩擦表面状态分成黏着磨耗、氧化磨耗、熔融磨耗、烧结磨耗、咬合磨耗以及磨料磨耗（粗糙磨耗、划痕）[1]。

图 4-2 所示为锥形耐磨试验机对硬质阳极氧化膜进行磨耗的磨轮转数和磨耗量的关系[2]。可以看出硬质阳极氧化膜比镀铬和硬质钢等具有更出色的

耐磨性。图 4-1 分类中的磨料具有优异耐磨性。

一般机械设计人员对铝阳极氧化处理部件的摩擦和磨耗在适用上应注意以下两点[3]：

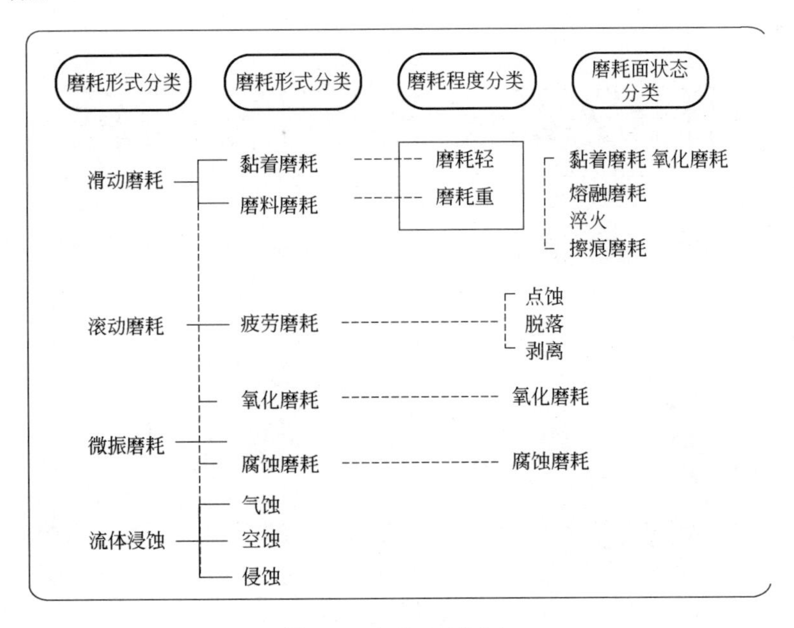

图 4-1 各种磨耗形态

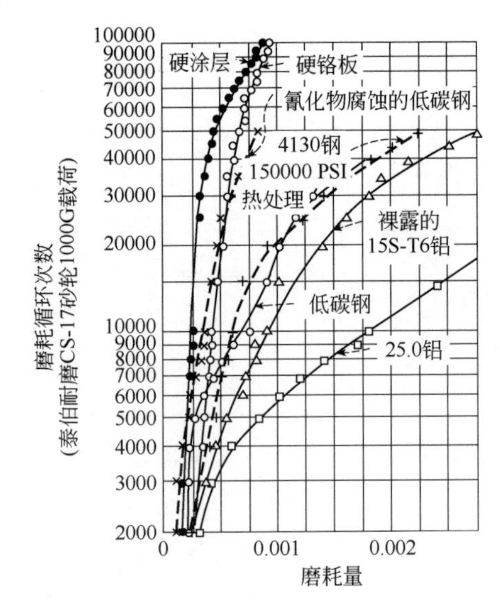

图 4-2 锥形耐磨试验中对硬质氧化膜与其他材料抗磨耗性比较

① 因为氧化膜热导率与基材本身相比要小一个数量级，所以摩擦表面会

积聚热能，又因为热膨胀系数不同，有产生剥离的风险。

② 因氧化膜属于脆性，应对冲击、高赫兹应力、反复应力强度低。

如上所述，铝阳极氧化膜特别是硬质阳极氧化膜，虽然在机械特性上存在很多问题，但若选择得当，作为机械部件有非常重要的作用。与其他表面处理相比，铝阳极氧化具有优异的机械特性，下文就此进行深入探讨。

4.2 铝阳极氧化膜和其他表面处理法的比较

最近几年，从节省能源和节约费用出发，特别在汽车零部件当中，对铝系列部件进行厚氧化膜硬化处理的需求日益增长。表 4-2 所示是各种铝制汽车零部件所要求的氧化膜厚度和硬度以及其他特性[4]。厚度要求是毫米级，硬度是 500HV 以上，对铝阳极氧化膜的要求来说应该是非常严格。

表 4-2 进行氧化膜硬化处理的铝制汽车零部件

部件	硬化层		其他特性
	厚度/mm	硬度（HV）	
汽车盖	3～5	200～300	耐热冲击性
活塞	1～2	300～400	耐热、耐腐蚀性
摇杆	0.5 以上	500～800	强度、低摩擦系数
凸轮轴	1 以上	700 以上	强度、耐磨耗性
连接杆	1～2	700 以上	强度、耐磨耗性
发动机阀体	1 以上	700 以上	强度、耐磨耗性
密封圈	0.5	200～400	滑动特性

图 4-3 所示是用各种表面处理手法处理的铝合金的氧化膜的硬度和膜厚关系[5]。

图 4-3 中虽没有明确是对铝阳极氧化膜处理，但是从纵坐标的厚度 0.1mm 以下，横坐标的硬度 500HV 以下的实际情况来看，硬质阳极氧化处理与其他处理方法相比较没有明显优势。但仅阳极氧化膜具有的特性比如附着性、散热性、膜厚均匀性、膜厚精度等，比其他处理方法有压倒性优势，这对选择材料是很重要的。

图 4-4 所示是包含铝阳极氧化膜的各种表面处理的硬度和摩擦系数的关系[6]。如图 4-4 所示，显示了高硬度化和低摩擦系数化，曲线是向右下倾斜的，单凭铝阳极氧化膜没有显示出如此特性，但是经过与固体润滑剂复合处理的润滑阳极氧化膜可以降低摩擦系数。如图 4-2 所示，我们可以充分利用铝阳极氧化膜的诸多特性，选择适合不同环境的材料。

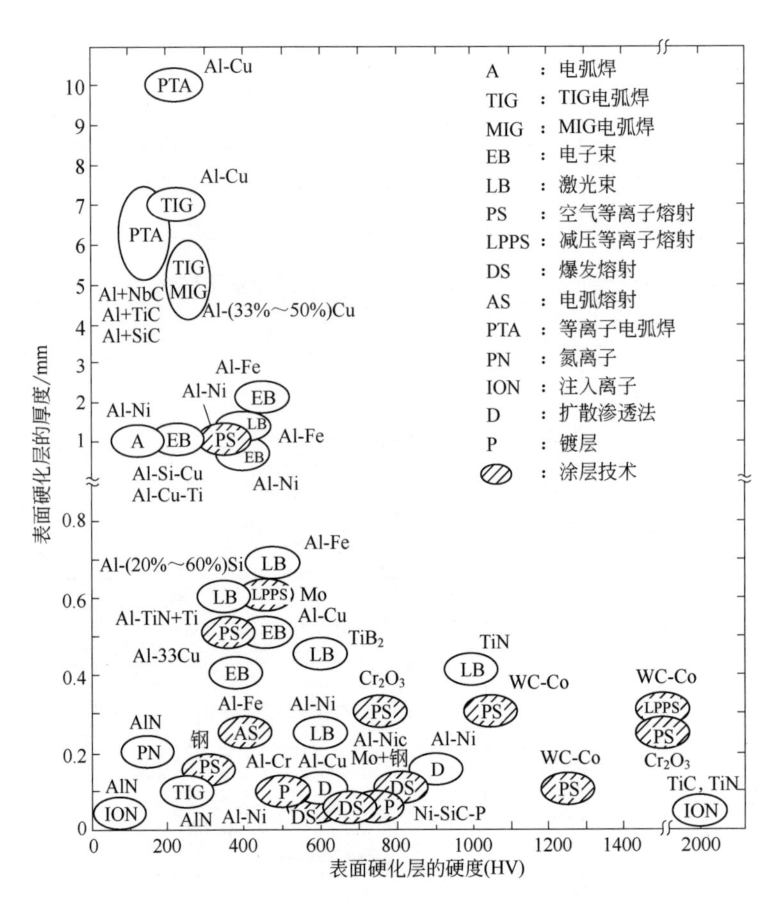

图 4-3 铝合金表面硬化层的硬度和氧化膜厚的关系

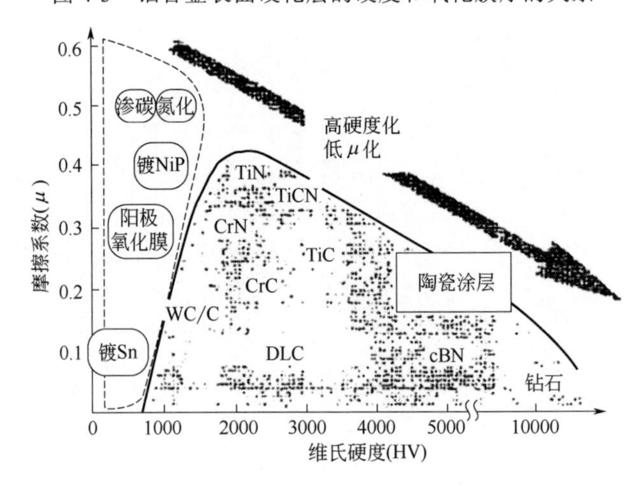

图 4-4 各种表面处理时摩擦系数和硬度的关系

4.3　耐摩擦/耐磨耗阳极氧化膜概念

在第 2 章“由划痕实验导致铝氧化膜表面缺陷的观察”中解释了摩擦性能优良的滑动体表面三层构造的原理。另外，氧化膜的破损类似于硬且脆性陶瓷的破损。

表示脆性材料破坏强度的 Griffith（格里菲斯）公式以及表示弹性模量和孔隙率之间关系的 Griffith 公式[7]、铝阳极氧化膜结构与机械特性相关联推测的氧化膜破损强度公式如下。

① Griffith 公式：

$$\sigma=\sqrt{2E\gamma_s/(\pi C)} \tag{4-1}$$

式中，σ 为破坏强度；E 为弹性模量；γ_s 为表面张量；C 为裂纹长度。

② Springs 公式：

$$E=E_0\exp(-bP) \tag{4-2}$$

式中，E_0 为孔隙率为零时的弹性模量；b 为常数；P 为孔隙率。

③ 铝阳极氧化膜的破坏强度的公式推测：

根据式（4-1）及式（4-2）可得铝阳极氧化膜的破坏强度 σ 的公式是：

$$\sigma=\sqrt{2E_0\exp(-bP)\gamma_s/(\pi C)} \tag{4-3}$$

公式（4-3）是日常处理阳极氧化膜比较容易理解的公式，表示氧化膜在裂纹（C）少、孔隙率（P）小且致密状态时有优异耐摩擦性能。

另一方面，阳极氧化膜的摩擦磨耗主要是滑动磨耗，同时黏着磨耗和擦痕磨耗共同存在。我们可以用公式计算摩擦系数。即，摩擦阻力 F，垂直载荷 W，由 F/W 求出摩擦系数 μ，基本公式如下。

$$F=\mu W \tag{4-4}$$

式中，F 为摩擦阻力；μ 为摩擦系数；W 为垂直载荷。

另外，一般摩擦阻力 F 等于剪切力 S：

$$F=S \tag{4-5}$$

$$S=As \tag{4-6}$$

式中，A 为接触面积；s 为剪切力。

此外，垂直载荷 W 和氧化膜硬度 H、剪切面的接触面积 A 相关，结果是：

$$W=AH \tag{4-7}$$

综合公式（4-4）～公式（4-7），求出摩擦系数 μ 和氧化膜硬度 H 的关系如下：

$$\mu=F/W=As/W=As/(AH)=s/H \tag{4-8}$$

从公式（4-8）可以看出提高阳极氧化膜硬度，降低氧化膜表面的剪切力，可以有效降低表面摩擦力。

4.4 提高耐磨耗性相关的实验

4.4.1 氧化膜致密化的影响[8]

一般地讲，硫酸阳极氧化形成的氧化膜含有非溶解性 $MnAl_6$ 等中间金属化合物以及 Si 元素，由于此类物质在氧化膜中的存在，所以外观上可以形成灰色乃至黑色的自然生色氧化膜。本实验采用了此类合金中有代表性的 Al-2%Mn 变形铝合金和 ADC12 铸造铝合金，就阳极氧化膜的耐磨性进行了观察。图 4-5 所示是用扫描电子显微镜观察的氧化膜横截面。图 4-5（a）是 ADC12 材料的氧化膜，Si 有残留，但共存成分 Cu 以 $CuAl_2$ 等溶解性金属化合物存在，其溶解形成非常粗糙的结构，Al-Mn 合金氧化膜是纤细的金属化合物，其结构非常致密。表 4-3 所示是两种氧化膜的色调，表 4-4 是两种基材和两种氧化膜的表面硬度。图 4-6 所示是使用往复式磨耗实验机用＃320 的砂纸进行磨耗实验的结果。从实验结果来看，在外观上呈自然生色的灰色和黑色的应该是高强度氧化膜，但是如果氧化膜内缺陷和溶解较多，氧化膜的耐磨性会迅速下降。即解释了孔隙率对公式（4-4）的影响。

图 4-5 ADC12 合金和 Al-Mn 合金阳极氧化膜的截面构造

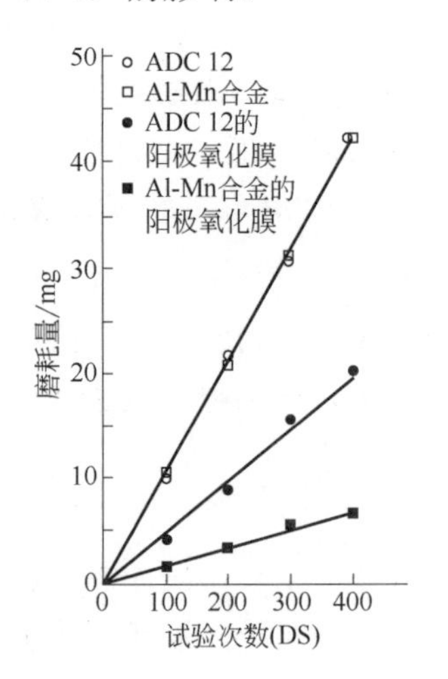

图 4-6 由往复式磨耗实验机得出往复次数和磨耗量的关系

表 4-3　Mansell 法阳极氧化膜的色调

项目	ADC12	Al-Mn 合金
色相	5.2YR，7.4P，8.3RP	4.1PB
明度	3.7	3.6
彩度	0.35	0.53
膜厚	20μm±3μm	20μm±1μm

表 4-4　基体和阳极氧化膜的表面硬度

种类	ADC12	Al-Mn 合金
基体	108HV	45HV
阳极氧化膜	145HV	248HV

4.4.2 氧化膜硬化的影响[9]

一般含铜的铝合金，进行热处理时析出的 $CuAl_2$ 在硫酸溶液中氧化时会发生溶解，无法生成坚硬致密的阳极氧化膜，但其机械强度在铝合金当中最强，所以进行阳极氧化处理后作为机械零部件使用。比如市场销售的 2017-T3 材料（固溶处理后进行冷轧加工，自然时效的材料）生成 30μm 厚阳极氧化膜，氧化膜横截面结构如图 4-7（a）所示，金属化合物是溶解过的状态，图 4-8（a）所示的基材硬度 136HV，其氧化膜硬度 225HV。图 4-7（b）所示

(a) 仅阳极氧化

(b) 加热400℃后阳极氧化

(c) 将(b)固溶体化处理后高温时效处理

图 4-7　2017 材料阳极氧化膜断面结构变化

为将图 4-7（a）的状态在 400℃保温 30min 让金属化合物再次固溶后的横截面结构，图 4-7（c）是将图 4-7（b）的状态在 500℃保温 60min 固溶化处理，放入 15℃水中淬火，195℃、10h 高温后的横截面结构。图 4-8 所示的是（b）、（c）各自工艺流程的基材硬度以及氧化膜硬度。图 4-9 所示的是（a）、（b）、（c）分别用锥形耐磨试验机［磨轮 WA-100，重量 1kgf（9.8N）］实验，转数 5000 时每 1000 转磨耗减少的质量（mg）。

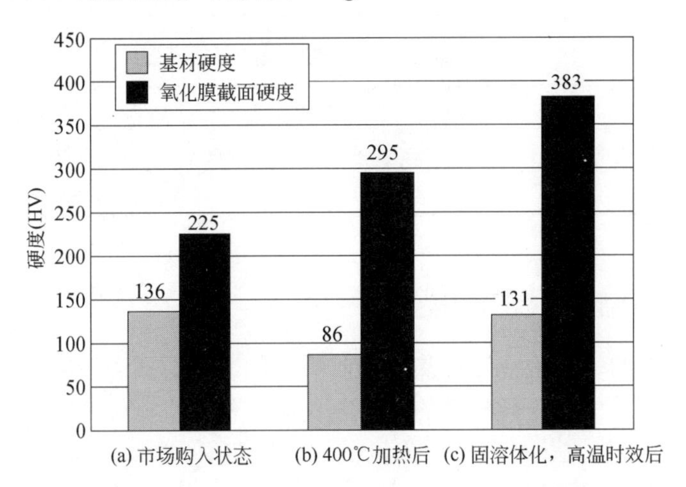

图 4-8　2017 材料热处理过的基材以及阳极氧化膜的硬度变化

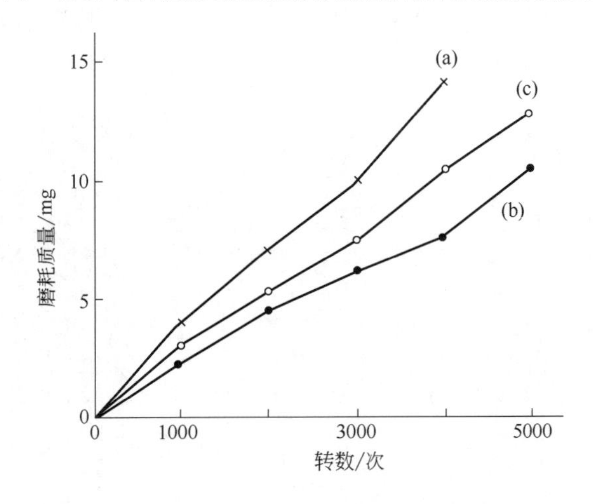

图 4-9　2017 合金阳极氧化膜锥形耐磨实验的磨轮转数和磨耗质量的关系

（a）无热处理，阳极氧化；（b）加热 400℃后，阳极氧化；（c）将（b）固溶体化处理后高温时效

结果可见，对工艺（b）进行 400℃加热时基材发生软化，硬度减至 86HV，阳极氧化膜硬度增至 295HV。

另一方面，工艺（c）进行加工时基材硬度恢复到 131HV，阳极氧化膜硬度增至 383HV。图 4-10 所示是对基材（a）、阳极氧化（b）、固溶/高温时效处理（c）、处理过的于市场销售的基材加热 400℃后（d）、阳极氧化（e）、再进一步进行固溶/高温时效处理后（f）的表面状态。在阳极氧化处理后受到过高温度时效处理，即 400℃加热处理时，其影响是显而易见的。可以得出结论，阳极氧化膜即使在固溶/高温时效处理中受到400℃的严格加热处理，其可视裂纹也较少。

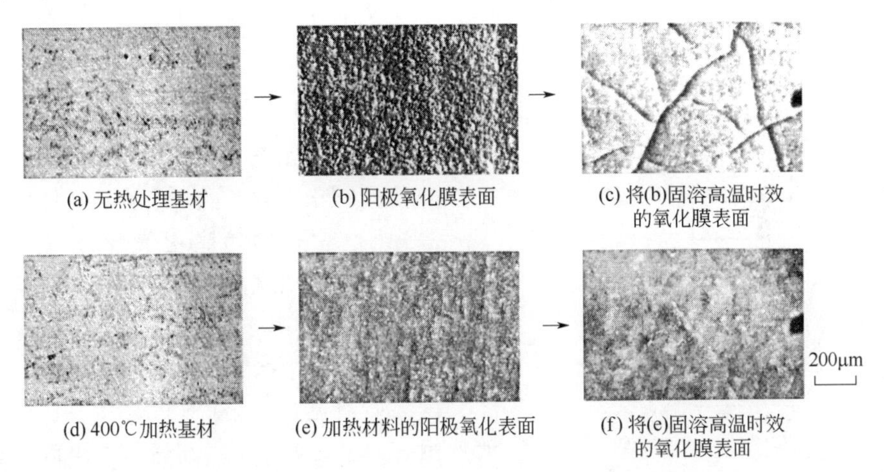

图 4-10　2017 合金的热处理和表面状态的变化

从图 4-9 的锥形磨耗实验结果来看，用 400℃加热固溶后再阳极氧化处理过的型材，其耐磨耗性能优异，紧随其后的是固溶化高温处理过的阳极氧化膜。可以推测，后者是由于过高温度，引起微裂纹。

本实验结果可以得出，如前述公式（4-3）、公式（4-8）所示，阳极氧化膜的裂纹和硬度对氧化膜的耐磨性有影响。

4.4.3 添加润滑剂可降低摩擦系数[10]

如上公式（4-3）所示，破坏强度 σ 大的氧化膜其自身的表面张量 γ_s 大，即氧化膜与基材的结合力也必须大。另一方面，如公式（4-8）所示，为了降低摩擦系数 μ，氧化膜表面的剪切应力 s 必须小。

一般来说，为了降低剪切应力会使用液体或固体的润滑剂，考虑到环保因素，从稳定角度出发，使用固体润滑剂较多。固体润滑剂是 OECD（Organization for Economic Cooperation and Development）制定的定义，定义内容是：表面上用作粉末和薄膜的任何固体，可在相对运动过程中提供保护，使其免受损坏，并减少摩擦和磨耗。

具体为：①层状晶格结构物质（硫化物、氟化物、卤化物、氮化物、石墨等）；②非层状无机物；③金属薄膜；④塑料；⑤转化氧化膜；⑥电化学氧化膜[11]。

如图 4-11[12]所示，是金属干式摩擦和磨耗相关联润滑特征基本功能关系图。金属为主的固体摩擦，犁沟与剪切作用两者相互关联，如果表面硬刮擦变少，在表面存在固体润滑剂时，则剪切应力变小，摩擦应力变小，结果是不易磨耗。

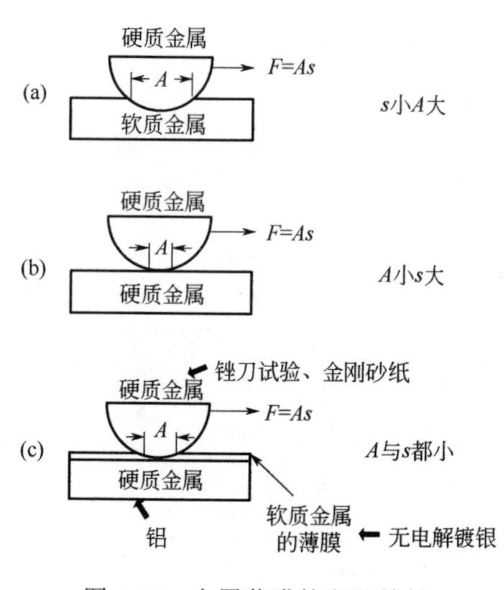

图 4-11　金属薄膜的润滑特性

金属摩擦=犁沟+剪切　摩擦力 $F=As$

接触面积 A、剪切力 s

在本实验中使用的是银溶液（添加氨的硝酸银水溶液）和还原溶液（酒石酸钠或钾水溶液）的混合液中，用常温浸渍 15min 硬质阳极氧化膜（厚度 50μm、硬度 300HV），氧化膜表面将析出 2μm 镀银层（30HV），用直径 10mm 的轴承钢球（590HV）向长为 80mm 的试验材料施加 9.8N 垂直载荷，计算出用 0.8mm/s 的速度，向同一方向同一地点反复 50 次后的摩擦力。图 4-12 所示是有无化学镀银的阳极氧化膜横截面。试验材料表面存在约 2μm 厚度的银。用 X 射线可确认这个析出物为银。

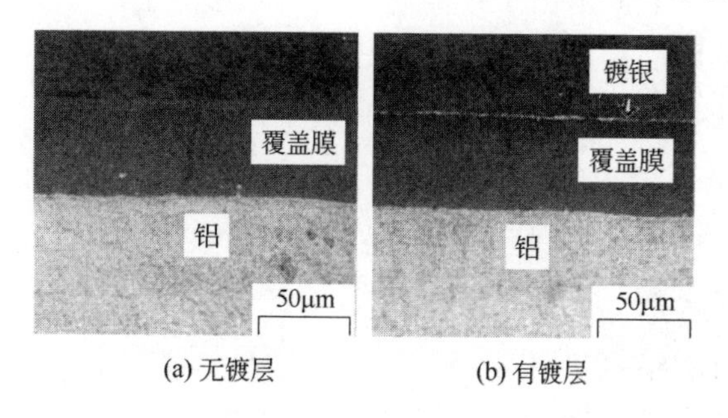

(a) 无镀层　　(b) 有镀层

图 4-12　有无电解镀银时阳极氧化膜截面

图 4-13 所示为对这个试验材料，用 9.8N（1kgf）垂直载荷在同一地点反复进行 50 次摩擦时的摩擦力变化。图 4-14 所示是此时摩擦力以及表面摩擦痕迹。

从图 4-13 看到，有镀银层时摩擦力为 2.4N（摩擦系数约为 0.24），保持恒定，没有镀银层存在时，摩擦力为 5～6N（摩擦系数约 0.51～0.61），摩擦增强约 2 倍。从图 4-14 可以看出，镀银层因摩擦逐渐延展。图片中的白色是镀银层延展后的状态部分。

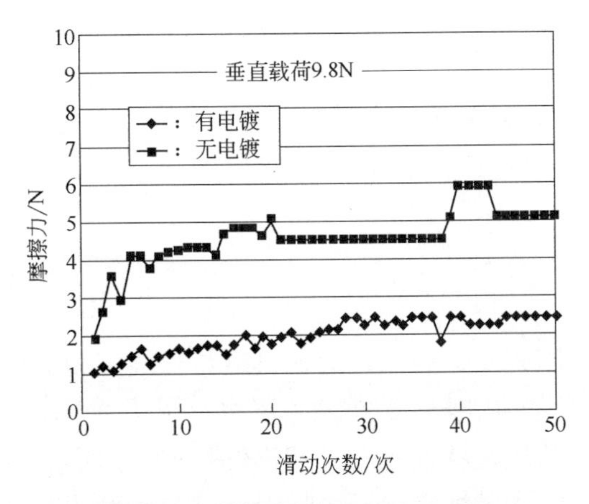

图 4-13　滑动次数与摩擦力的关系

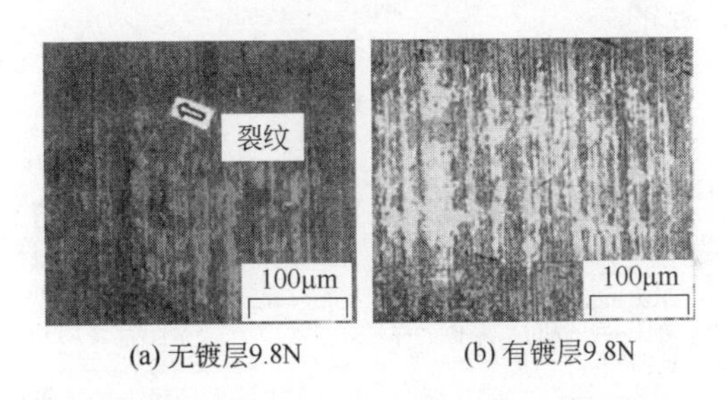

(a) 无镀层9.8N　　(b) 有镀层9.8N

图 4-14　观察有无电解镀银时的滑动面

另一方面，在没有镀银的阳极氧化膜表面，可观察到因反复进行摩擦产生的裂纹。银是固体润滑剂的一种，是剪切应力很低的软质金属，图 4-9（c）所示作为软质金属的薄膜，可以看出其可减弱剪切力和摩擦力。

4.5　阳极氧化膜弹性模量实测——星野等人的计算[13]

分析铝阳极氧化膜的力学性能时，了解阳极氧化膜弹性模量 E 的数值是很重要的。利用前面提到的公式（4-3），在球体接触面接触变形的赫兹理论中，接触状态如果在弹性变形的范围内，可以得出接触面积，用 $A=\pi[3WR/(4E)]^{2/3}$ 来表示（其中接触钢体的半径为 R、质量为 W、平面基材的弹性模量为 E）[14]。单独求出氧化膜弹性模量是非常困难的，截至目前，正式报道弹性模量数值的例子很罕见。文献中曾报道的弹性模量数值为350GPa～500GPa，据推测为铝基材本身的数值。

最近星野等研究员，对铝基材本身的弹性模量与氧化膜和基材一体化时的弹性模量进行了实际测量，从两种实际测量结果计算出了阳极氧化膜层的弹性模量[13]。

结果得出硫酸氧化膜弹性模量是 2820kgf/mm^2，草酸氧化膜是3670kgf/mm^2。这个方法对于今后氧化膜复合化和混合动力化发展时，把握其机械特性非常重要。

4.6 总结

本章在功能性阳极氧化膜中，对与机械特性高度相关联的硬质阳极氧化膜和润滑阳极氧化膜，从摩擦/磨耗的角度进行了论述。从其两项处理方法的比较中可以得出，从机械特性来看，不仅仅是在用途上对厚度和硬度有所要求，植入阳极氧化膜均匀性和优异的吸附性以及优异的散热性、非黏着性等性能都是非常有必要的。

参考文献

[1] 水谷嘉之：新・役に立つトライボロジー——基礎から応用まで——（No.99-89）講習会教材、日本機械学会（2000)、p.78

[2] Materials & Methods, 1950, 32, p.62

[3] 桑山 昇（訳）：摩擦と摩耗のマニアル、泰山堂（1999)、p.217

[4] 中田一博：アルミニウムの加工方法と使い方の基礎知識、軽金属製品協会（2004)、p.119

[5] 中田一博：アルミニウムの加工方法と使い方の基礎知識、軽金属製品協会（2004)、p.118

[6] 奥村 望：METEC04、特別技術講演 3、総合展ガイド、p.51

[7] 窯業協会：セラミックスの機械的性質、技報堂（1979)、p.25-34

[8] 前嶋正受、猿渡光一、平田昌範、石塚豊昭、伊藤 裕：フジクラ技報第 94 号（1998)、p.78

[9] 前嶋正受、石和和夫、猿渡光一、平田昌範、高谷松文、岡田健三、松尾 守：表面技術、Vol.46、No.8（1995)、p.44

[10] 前嶋正受、高谷松文、猿渡光一、伊藤六郎：トライボロジスト、第 44 巻 1 号（1999)、p.69

[11] 津谷裕子：固体潤滑ハンドブック、幸書房、p.4

[12] 曽田範宗（訳）、バウデン・テイバー（著）：固体の摩擦と潤滑、丸善、p.100

[13] 星野重夫：講習会テキスト 2004 年 6 月 9 日、中間法人系金属製品協会試験研究センター

[14] 桑山 昇（訳）：摩擦と摩耗のマニアル、泰山堂（1999)、p.54

第 5 章 铝阳极氧化膜电绝缘性

高谷松文　前岛正受

5.1 概要

铝阳极氧化膜的可行性研究是在 160 年前的 1846 年由 Faraday 首先进行的。电绝缘性的研究可追溯到 90 多年前的 1914 年，C.E.Skinner 和 L.W.Chubb 将铝材放入硅酸钠水溶液中，对表面阳极氧化处理并制成绝缘氧化膜。日本在大正初期（译者注：大正时代指 1912～1926 年），随着科学技术推动产业振兴的大政方针的实施，为了替代一直沿用的棉和丝绸类用品，有绝热性能的绝缘材料的开发被紧急提上了日程。1924 年，理化学研究所的鲸井和植木两位研究员用草酸作为电解液，进行阳极氧化处理，成功制作出所需要的耐热性电绝缘物。1928 年宫田先生用高压水蒸气处理阳极氧化膜，完成封孔处理的氧化膜的电绝缘性、耐腐蚀性和耐污染性也有了大幅提高，形成了现今的铝阳极氧化膜。

现今利用铝阳极氧化膜的电气特征非常多样化，本章对理化学研究所的研究开发流程和氧化膜的基本性质进行论述。

5.2 由理研汇报和理化学研究所报告看研究开发的流程[1]

表 5-1 是理化学研究所从 1923 年开始研究耐热性电绝缘体至 1961 年开发成功的 39 年期间，所有研究题目、研究课题、关键内容、研究人员名单，以及研究所发行的研究报告的归纳整理。

表 5-1　由理化学研究所研究报告看阳极氧化膜的研究历史

记载号	研究论文题目	副题/备注	执笔者
1923 年 5 月理研所报第 2 卷第 2 号	电气绝缘材料的研究（第 1 编）	有关纤维质绝缘材料吸湿性的研究	鲸井、小林鸟山
	电气绝缘材料的研究（第 2 编）	纤维质绝缘材料的绝缘电阻与温度的关系	鲸井、赤平
第 5 卷第 6 号	铝氧化膜的绝缘性及其应用	氧化膜生成特性、氧化膜电气特性、机械性质、2～3 个应用	鲸井、宫田
第 6 卷第 11 号	高电压介电体的研究	介电损耗角的测算	濑藤、宫田
第 8 卷第 11 号	对铝氧化膜化学药品的电阻	对药品的电阻	濑藤、宫田
第 13 卷第 11 号	Al 氧化膜电解溶液的补充	实验方法和结果	宫田、竹井
	对 Al 阳极不活动状态和防腐蚀新处理方法	由氧化不活动状态、不活动状态的绝缘破坏、腐蚀试验、耐酸耐碱、新防腐蚀法	宫田
第 14 卷第 8 号	铝氧化膜三相交直电流叠加电解	多相电解电压、电流波形、电流效率、直流发电机的交流、三相交直电流叠加电解	宫田
第 15 卷第 6 号	喷漆膜的介电性质	漆的性质、电压特性、频率特性	宫田
第 16 卷第 2 号	有关阳极氧化膜的代码	录音、噪声、录音界限、针的应力	宫田
第 19 卷第 2 号	预处理氧化膜生成条件及影响	电压上升率、火花电压、交流氧化影响、草酸电解条件的关联	宫田
第 19 卷第 4 号	生成中的 Al 阳极的介电特性	生成中的活性层、蛋白酶分析	宫田
	生成中的 Al 频率特性	阳极容量、活性层容量	宫田
第 19 卷第 6 号	将氧化膜板应用于电解电容器时的附带问题	电解透析、高温加热、生成中加热、硫酸氧化膜加热	宫田
1960 年 9 月理化学研究所报告第 36 卷第 5 号	作为电气绝缘性的阳极氧化膜的湿度特性	氧化膜容量、介电损耗的测量方法、测算用电极、膜和空气湿度的平衡	宫田、古市
第 37 卷第 3 号	硬质阳极氧化膜的孔隙率效果真的小吗？	孔隙率的测算（介电常数法、比重法）	宫田、石和、古市、高村

我们对氧化膜制作、封孔处理的有效性、各种电气特性的测定、电绝缘体的应用等进行广泛彻底的基础性研究。理化学研究所领头攻关，表面处理产业界同仁付出了巨大努力，奠定了铝阳极氧化膜的技术基础。

此类科研报告论文满载大量珍贵科研成果，对进行铝阳极氧化膜开发和制造的相关人员来说，是极其重要的参考文献，在此推荐各位在研究功能性氧化膜时加以阅读。

5.3 氧化膜的基本电气特性[2]

由日刊工业新闻社于 1954 年在《工业技术新书 8》刊登发行的《阳极氧化》（宫田聡著）已经绝版，但对于进行铝阳极氧化膜研究及制造的相关科研人员来说，作为基础参考意义重大。本书就氧化膜相关电气基本特性数值进行详细列举。

5.3.1 击穿电压

氧化膜的使用仅限于耐热性、热传导性和低电压。在 30μm 草酸氧化膜经过交流电 50 次循环的电击穿破坏实验中，最后数值显示 10.3kV/mm，这等同于相同厚度的空气层击穿值。另一方面，对其进行蒸汽封孔处理后数值提升到 14.5kV/mm 以上。即每 1μm 氧化膜击穿电压是 14.5V，也就是说进行蒸汽封孔大约提升 40%击穿电压。在 Franckenstein 和 Zauscher 的研究中，氧化膜厚度达 55μm 以上的时候，击穿电压急速达到空气层的 2 倍左右。可以认为这是由于氧化膜变厚产生空气通道堵塞，氧化膜的表层部分水合反应堵塞膜孔造成的。

5.3.2 固有电阻

在 16.7℃时对充分干燥后的草酸氧化膜施加 300～1100V 电压，固有电阻显示值为 6.5×10^{12}～$7.0\times10^{12}\Omega\cdot cm$。

根据 Franckenstein 的研究，测量温度和固有电阻的关系是在 20℃时 $4\times10^{15}\Omega\cdot cm$，在 100℃时 $8\times10^{14}\Omega\cdot cm$，在 200℃时 $7.7\times10^{14}\Omega\cdot cm$，在 300℃时 $9\times10^{12}\Omega\cdot cm$。

5.3.3 介电常数

一般来说，绝缘材料也称作介电材料，在交流电传输上，介电常数的值和稳定性是电绝缘体的重要数值。在铝电解电容器中铝阳极氧化膜的制备被称为介电材料形成（转化形成），一般介电常数 $\varepsilon\approx8.5$。

宫田研究草酸氧化膜的时候使用 30V 低电压，形成的氧化膜介电常数为 7.0～8.1，氧化膜变厚时孔隙率增加，介电常数变小。

在 100V 高电压下转化的氧化膜，介电常数显示为 9.0～11.3。高电压转化氧化膜的时候，因氧化膜变厚，含水量变多，介电常数变大。氧化膜本身的介电常数接近于 8.1，蒸汽封孔处理后数值在 8.2～9.5。

另外，S.Gutlin 认为草酸氧化膜的介电常数是 8.0，硫酸氧化膜的介电常数是 5.59。

5.3.4 作为电绝缘体的氧化膜湿度特性[3]

一直以来，氧化膜的高频损耗（也称为介电损耗角正切 $\tan\sigma$）比较大，这是因为氧化膜从空气中吸收水分造成的，如果彻底除去水分的话，氧化膜是极其优异的绝缘体。举一个草酸氧化膜的例子，在 100Hz～20MHz 的频率区域内，$\tan\sigma$ 值在 0.5×10^{-2}。

（1）氧化膜中的湿度和大气中的湿度平衡

图 5-1 所示为在 3%草酸溶液中，18℃时电解生成的 17μm 氧化膜，放入以氯化钙为干燥剂的容器中充分干燥，置于湿度 50%，温度 20℃的室内，测量介电损耗角正切 $\tan\sigma$ 的结果。放置 2h 后达到稳定值。

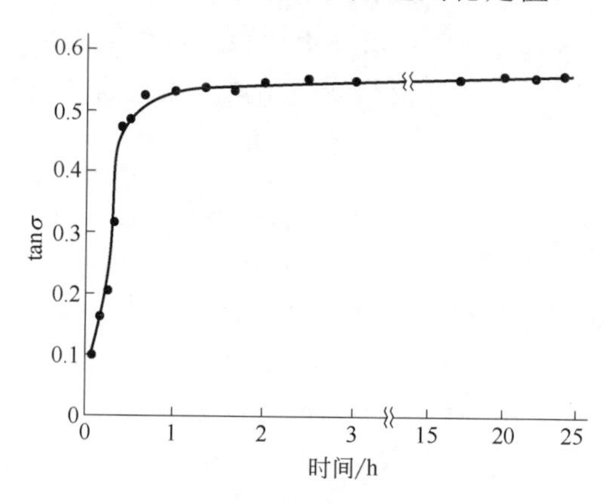

图 5-1　氧化膜中的湿度和大气中的湿度平衡

（2）高湿度室内放置氧化膜的介电性能

图 5-2 是与图 5-1 在相同条件生成的氧化膜，保持相对湿度 86%和室温 27℃，通过改变频率测量介电损耗角正切 $\tan\sigma$ 和等效并联电容 C_p 的结果。电容 C_p 相当于频率变化不大，但 $\tan\sigma$ 的变化很大，尤其是在 500kHz 以下时变化更大。

（3）保持干燥状态时的氧化膜介电性能

图 5-3 是和图 5-1 与图 5-2 在相同条件生成的氧化膜，经 60℃充分干燥，连同汞电极装在放有氯化钙的器皿中保持 24h 后取出，测定 C_p 和 $\tan\sigma$ 的示意图。可以得出，在完全干燥状态下，特性值没有变化且稳定。

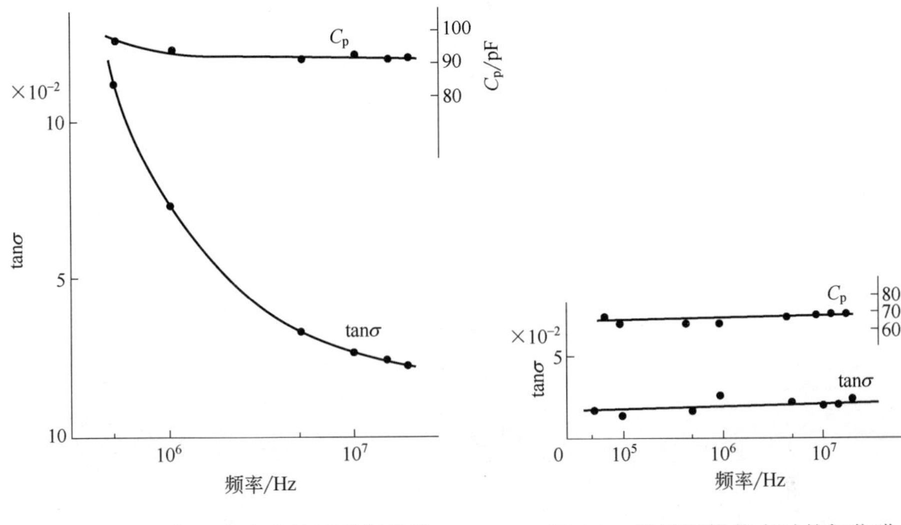

图 5-2　高湿度室内放置的氧化膜介电特性

图 5-3　维持干燥状态时的氧化膜介电特性

（4）频率区域和放置环境湿度间关系

① 低频区域的情况。图 5-4 和图 5-5 是与上述相同的氧化膜在 60℃进行 1h 加热干燥后，连同汞电极放入湿度调节仪器［干燥状态，50%RH（相对湿度），80%RH 以及 100%RH 的 4 种情况］24h 后取出，在频率 20Hz～100kHz 的低频区域测定的 C_p 和 $\tan\sigma$ 示意图。实验室温度 25～26℃，相对湿度 76%～80%RH。

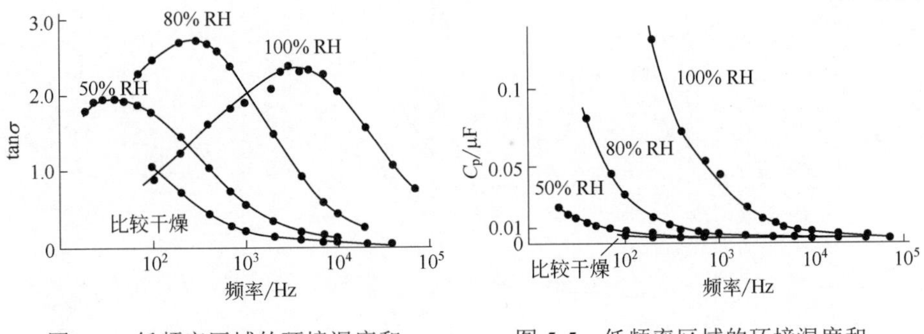

图 5-4　低频率区域的环境湿度和介电损耗的关系

图 5-5　低频率区域的环境湿度和电容的关系

从图中可以看到，C_p 伴随频率降低而增加，而 $\tan\sigma$ 在特定频率时存在最大值。$\tan\sigma$ 出现最大值的频率，随湿度变高而变高。$\tan\sigma$ 最大值的频率在湿度 50%RH 时为 30～40Hz、80%RH 时为 200～300Hz、100%RH 时为 3～4kHz。

② 高频区域的情况。图 5-6、图 5-7 所示为 60℃加热干燥 1h 后，放入

装有汞电极且相对湿度分别调整为0、20%、40%、60%、80%的器皿中，保持15℃ 24h，在室温15℃、湿度60%RH，频率50kHz～10MHz的高频范围测定C_p和$\tan\sigma$的结果图。

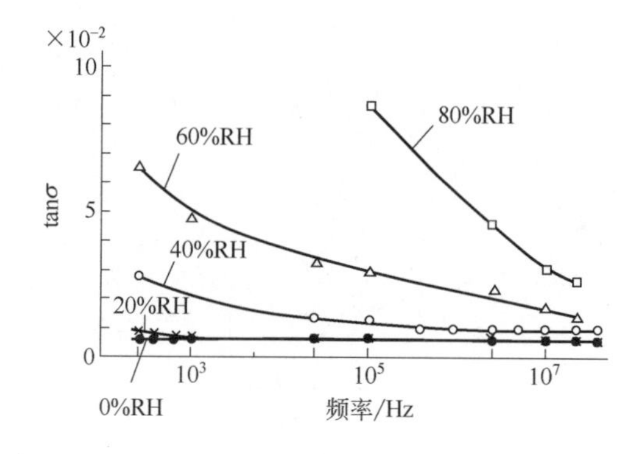

图5-6 高频率区域的环境湿度和介电损耗的关系

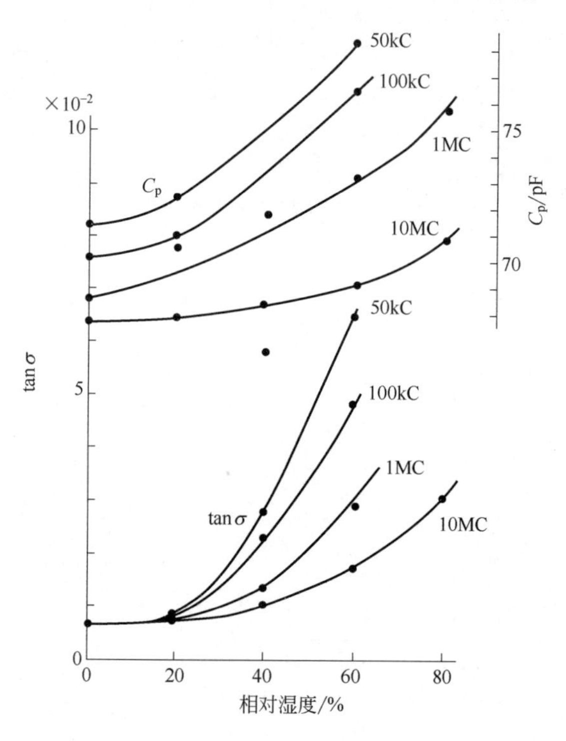

图5-7 高频率区域的环境湿度和介电损耗以及电容的关系

从图中可以看出氧化膜的$\tan\sigma$及C_p随着相对湿度增加而增加，而且随着频率的变化，$\tan\sigma$及C_p的变化随着相对湿度增加变得十分显著。

上述数据是基于草酸氧化膜，和铝阳极氧化膜有一定差异，此类电气特性对推动功能化氧化膜的应用有不可或缺的重要作用。

5.3.5 作为耐热性绝缘体初期的使用业绩[4]

实际生活中氧化膜的不同特性有许多应用。如特定电压以上电流自由通过的特性（避雷器）；特定电压以下在阳极侧阻断电流，在阴极侧电流通过的特性（整流器）；薄且具有优异的绝缘膜特性（电容器等）。由于氧化膜具有良好的绝缘性、耐热性、散热性，其广泛应用于电热器及电气设备等方面。

电加热器以前均使用镍铬合金线进行外壳加热，将外壳换成阳极氧化制品后，发现其具有优秀的热传导效率。输入功率 1kW 时，使用普通外壳镍铬合金线的温度是 540℃，容器中的水完全蒸发要 44min。另一方面，使用阳极氧化外壳的镍铬合金线时，镍铬合金线温度同样是 540℃，水蒸发完要 36min。与普通外壳相比加热时间缩短了 18%。利用这个特点，取暖加热器、感应式加热器相继走向实用化。

主要应用有：①即便无油也能承受 40%过载的变压器；②间歇式过载的状态比铜线效率更好，比如电动车异步电动机的线圈；③小型钻头的电机线圈；④卷发器等生活用品；⑤在蒸汽封孔后 400℃加热脱水，还可用于选矿、搬运、过载荷承载性、高热传导等用的电磁铁用线圈；⑥多层带有氧化膜铝箔制作的电容器，具有很高的电容量，可以用于铁道信号用的通过交流电、阻断直流电的大容量电容器。

在重工业繁荣发展的时期，因铜丝价格暴涨，一段时期铝合金电线用途快速扩大。表 5-2 所示为当时各行业使用状况[5]。

表 5-2 阳极氧化电线的主要用途

用途	原有卷线材料	阳极氧化线形状
磁性分离器		圆形
电动振动器	玻璃卷	圆形、平角
摄像机线圈		圆形
核能用特殊线圈	玻璃卷	圆形、平角
提升磁铁	裸铜线	平角
涡电流式回火器		平角
金属溶解用电感加热器	玻璃卷	平角
电弧焊	裸铜线	平角

续表

用途	原有卷线材料	阳极氧化线形状
干式变压器	玻璃卷	平角
复印机用电机	玻璃卷	圆形
放射线治疗机器		平角

5.4 现在使用状况

撇开宫田的文献不谈，过去对电器加工和设计性方面要求较多，近几年伴随机器高性能和小型化的需求，对产品轻量化、高散热性和非磁性的要求不断提高。电器主要分为重型电器、家用电器、产业用电子机器和电子部件4类。表5-3所示是此4类产品中家用电器里铝的应用实例[6]。

表5-3 铝在家用电器中的应用

名称	零部件	材料	表面处理	使用理由（要求特性）
电冰箱	电控	A1050P-Ⅱ22	涂装	热交换、耐腐蚀性
	压缩机	纯铝99.7%锻造	无	导电性、加工性、轻量
	汽缸盖	ADC10	无	加工性、轻量
	累加器	A1050TD-Ⅱ14	无	加工性、耐腐蚀性
家用空调	电控	A1050C-Ⅱ22	涂装合成处理	热交换、轻量、耐腐蚀性
	电感器	A1050P-Ⅱ22		
	电机的轴	纯铝99.7%锻造	无	导电性、加工性、轻量
洗衣机	装饰板	A1050P	印刷后清除涂装	设计、印刷性
	主轴承	ADC12	合成处理（主轴承）	加工性
	安装用金属件	ADC12	合成处理	加工性、轻量
	电机转子	纯铝99.7%锻造	无	导电性、加工性、轻量
电视机	散热器	A1200P-H24	涂装	加热
	铭牌	A1050P-H24	阳极氧化	设计、印刷性
	显像管、电子屏蔽	A3003P-0（箔）	无	屏蔽效果
视频	硒鼓	A2218-T6	无	非磁性、耐磨耗性、加工性
	硒鼓	ADC10	无	非磁性、加工性
	铭牌	A1100P-H	阳极氧化	设计、印刷性
	散热器	A1100P	涂装	放热

续表

名称	零部件	材料	表面处理	使用理由（要求特性）
照明器具	反光镜	A1080P	阳极氧化	反射特性、轻量、加工性
	盒子	ADC12	涂装	加工性、轻量
电饭锅	外壳	A1200P	化学研磨	自加热器的远红外反射、深加工性
	内胆	A3003P	内侧：（氟）树脂喷涂	热传导性、深加工性、耐腐蚀性
			外侧：阳极氧化	
	内盖	A1100-H24	阳极氧化	外盖的热传导性
音响	面板	A6063S-T5	阳极氧化	加工性、耐腐蚀性
	散热片	A6063S-T6	阳极氧化有、无	热传导性、轻重

资料来源：<社>日本铝协资料。

电视机、VTR、照明器具、电饭煲内釜外侧、音响产品的表面处理都使用铝阳极氧化膜。这类产品功能追求有设计、印刷性、反射性、轻量化、加工性、热传导性和耐腐蚀性等。电气特性功能上的利用极少。

5.5 氧化膜的整流特性

在铝阳极氧化膜的电气特性当中，我们有必要充分理解 5.3.5 节中介绍的氧化膜的整流特性。

氧化膜在空气中完全不存在水分的情况下可以视为欧姆电阻，但是如果在有电解质残留成分和高湿度环境的水分中，氧化膜中有 H^+，电流可以由氧化膜向铝基体方向流动，相反的方向则绝缘，因此是单向导电。图 5-8 所示为氧化膜整流特性[7]。

由 H^+作为电流载体时，在氧化膜和铝的界面，H^+变成了 H_2，因体积膨胀氧化膜产生机械性破裂，从而引起绝缘性破坏。

另一方面，将两极互换，氧化膜施加负极，铝施加正极，那么从空气水分中电解的 OH^-移动至铝侧，有说法称这样可修复氧化膜的绝缘性能。图 5-8 所示是在相对湿度 75%的高湿环境中，改变氧化膜和铝的正负极性，施加 100V 电压时的传导电

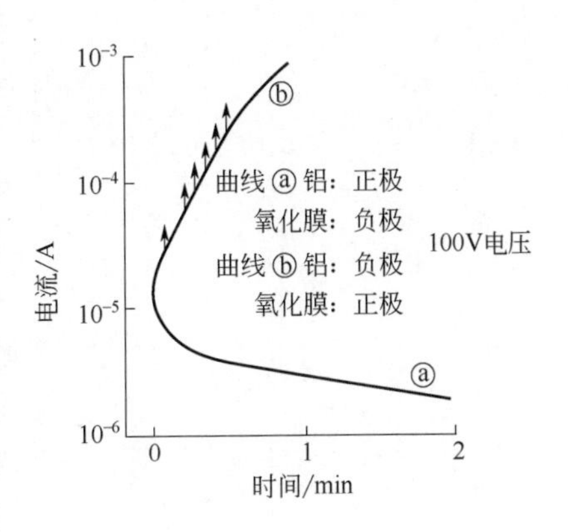

图 5-8　在湿度 75%时流过氧化膜电流-时间关系

流和时间的关系曲线图。图中ⓐ是将铝侧作为正极，ⓑ是将铝侧作为负极时的情况。一般来说，宫田发明的阳极氧化膜进行加压水蒸气和沸水封孔，是为了防止降低绝缘性。

5.6 氧化膜的裂纹和绝缘体性[8]

把阳极氧化膜当作电线绝缘体进行使用时，氧化膜的绝缘破坏点基本产生在氧化膜裂纹或裂纹附近。裂纹易凝聚水分，从而使氧化膜绝缘电阻降低，随后绝缘性将被破坏。图 5-9 所示是用直径 2mm 的铝线生成 10μm 厚的氧化膜，卷在直径 100mm 的卷轴（卷轴的直径/线材直径=50 左右）上，观察绝缘破坏试验后的绝缘破坏痕迹。

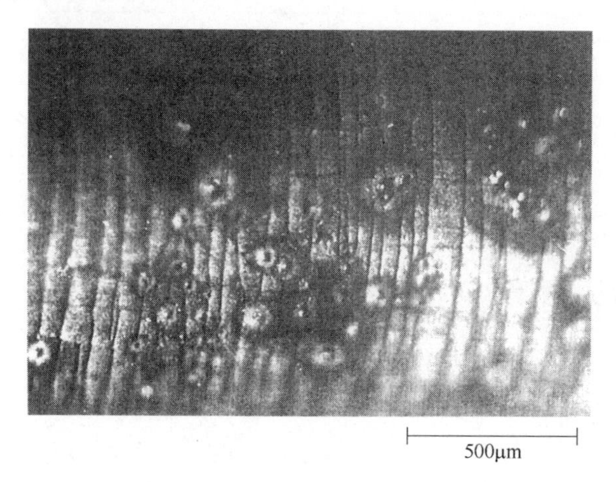

图 5-9　阳极氧化膜电线绝缘破坏痕迹

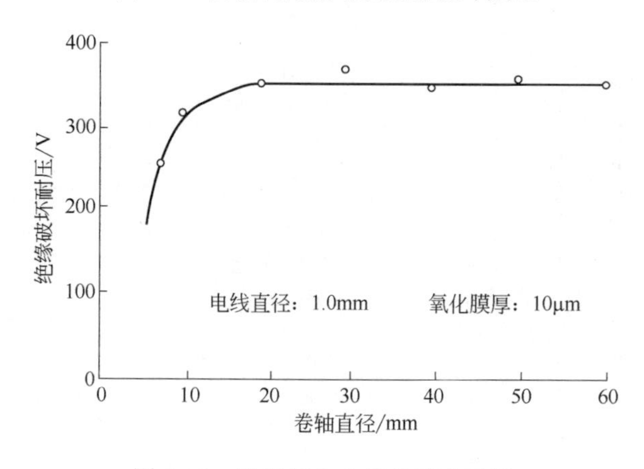

图 5-10　阳极氧化电线的弯曲特性

图 5-10 所示为将直径 1mm，氧化膜厚度 10μm 的电线卷在直径不同的卷轴上，使氧化膜表面强制发生裂纹后的击穿电压。表 5-4 所示为保持氧化膜无裂纹状态时，非常细微的拉伸极限值，若线材缠绕物体上保持绝缘状态，那么物体直径应该在铝线直径的 20 倍以上，这时氧化膜不会产生裂纹。

表 5-4　保持阳极氧化膜加工无裂纹的极限伸长实验值

膜厚	1μm	3μm	7μm	18μm
延伸极限	0.5%以下	0.2%以下	0.15%以下	0.1%以下

5.7　总结

以上是根据日本阳极氧化膜发明源头，理化学研究所的部分研究报告和宫田聪先生所著《阳极氧化》中记载的电气特性进行整理的。充分理解这些优秀的理论研究，对今后提升阳极氧化功能化探索是非常有益的。

参考文献

[1] 理化学研究所：理研彙報第 2 巻、第 5 巻、第 6 巻、第 8 巻、第 13 巻、第 14 巻、第 15 巻、第 16 巻、第 19 巻、理化学研究所報告第 36 巻、第 37 巻
[2] 宮田 聡：陽極酸化、日刊工業新聞社（1954）
[3] 宮田 聡、古市昭夫：理化学研究所報告、第 36 巻、第 5 号、p.417
[4] 宮田 聡：陽極酸化、日刊工業新聞社（1954）、p.5-45
[5] 藤倉電線㈱技術報告資料
[6] (社)日本アルミニウム協会資料
[7] 中村礼三郎：表面技術総覧（めっき、陽極酸化編）、㈱広信社（1983）、p.745
[8] 前嶋正受、猿渡光一、平田昌範、伊藤 裕、寺元恵吾、金子陽一：フジクラ技報第 96 号、㈱フジクラ（1999）、p.49-53

第6章 铝合金材料和硫酸阳极氧化膜

高谷松文　前岛正受　猿渡光一

6.1 概要

一般来说，铝阳极氧化膜是用电化学方法处理铝合金材料表面而生成的阳极氧化膜，受合金材料的影响很大。JIS 标准里的变形铝合金有 54 种，铸造铝合金有 17 种，锻造铝合金有 14 种。

此类铝合金里，包括实用的合金和 ASTM 标准合金，其表面处理适用性，氧化膜的性质与合金成分之间的关系如表 6-1、表 6-2 所示，在应用手册中也有描述[1]。

本章针对各种铝合金在硫酸溶液中生成的阳极氧化膜横截面形状，从材质的角度出发进行考察，对选择功能性阳极氧化膜的基材有非常重要作用。

表 6-1　变形铝合金及铸造用铝合金的表面处理适应性

	组成	适应性				组成	适应性		
		保护氧化膜用	染色氧化膜用	光亮氧化膜用			保护氧化膜用	染色氧化膜用	光亮氧化膜用
变形铝合金	1099	◎	◎	◎	铸造用铝合金	（ASTM CS72A）	△	×	×
	1080	◎	◎	◎		AC8B	△	×	×
	1050	◎	○	○		L5	△	×	×

续表

	组成	适应性				组成	适应性		
		保护氧化膜用	染色氧化膜用	光亮氧化膜用			保护氧化膜用	染色氧化膜用	光亮氧化膜用
变形铝合金	1100	○	○	□	铸造用铝合金	AC2B	□	△①	×
	3003	□	□	△		AC7S	○	□	□
	4043	□	△①	×		AC3A	△	×	×
	5052	○	○	□		（BSRR50）	○	□	△
	5154	○	○	□		（AC4C）	□	△①	×
	5056 5%Mg	□	□	△		AC4A	△	×	×
	5056 7%Mg	△	△	△		AC7B	△②	△	△
	6011	□	□	△		AC1A	□	□	△
	6061	○	□	△		（AA-222）	△	△①	×
	6063	◎	○	□		AC3A	×	×	×
	6066	□	□	△		AC5A	△	△①	×
	6351	○	□	△		（AA-B650）	□	×	△
	2014	△	△①	×		AC4D	□	△①	×
	2017	△	△①	×		ASTM SN122A	△	×	×
	2018	△	△①	×		ASTM S5A	□	△①	×
	2024	△	△	×		AC2B	□	△①	×
	7N01	△	△	×		AC9A	□	△	×
						（AC2C）	△	△①	×

注：◎优秀；○非常好；□良好；△中程度；×不适合。

① 适用深色。

② 注意处理条件。

表 6-2 氧化膜性质和合金成分的关系

氧化膜性质	合金成分
氧化膜透明性	铝的纯度
不透明性	不纯物质元素（Fe，Si，Mn，Mg）
发色性	添加元素（Si，Mn，Cr，Mg）
光亮性	铝的纯度添加元素（Mg，Si）
膜厚的不均匀性	添加元素（Cr，Si）

6.2 铝合金材料和硫酸阳极氧化膜

6.2.1 铝合金电导率和阳极氧化处理性

铝合金电导率因各合金元素的种类以及固溶体状态而有所不同。关系如表 6-3 所示。

表 6-3　铝的电导率以及合金元素的影响[1]

元素	最大固溶限/%	电阻率增加量/（μΩ·cm/质量百分数）	
		固溶体状态	非固溶体状态
Cr	0.77	4.00	0.18
Cu	5.65	0.344	0.030
Fe	0.052	2.56	0.058
Li	4.0	3.31	0.68
Mg	14.9	0.54	0.22
Mn	1.82	2.94	0.34
Ni	0.05	0.81	0.061
Si	1.65	1.02	0.088
Ti	1.0	2.88	0.12
V	0.5	3.58	0.28
Zn	82.8	0.094	0.023
Zr	0.28	1.74	0.044

注：添加高纯铝［2.65μΩ·cm（20℃）］后测定。

正常来说电导率越好阳极氧化处理性越好，但也并非绝对如此。图 6-1 所示是各种合金种类的电导率和抗拉强度的关系[2]。1000 系合金的电导率高，但在实际应用中 5000 系、6000 系的电导率低，阳极氧化处理性好。表 6-4 所示是使用金属电导率仪（日本产 Hocking 型号：3000DL）对各种合金的电导率进行测量，随后将此类合金用硫酸进行阳极氧化，之后对阳极氧化处理性进行定性评价所得出的结果。

表 6-4　铝合金的电导率和阳极氧化膜适应性举例

合金名	组成	电导率	阳极氧化膜加工适应性
1100	纯 Al	58%	○
2017-T6	Al-Cu	34%	△

续表

合金名	组成	电导率	阳极氧化膜加工适应性
4045	Al-Si	47%	△
5052	Al-Mg	35%	○
5083	Al-Mg	24%	○
6061	Al-Mg-Si	53%	○
7075-T6	Al-Zn	33%	○
AC4A	Al-Si-Mg	30%	○
4B	Al-Si-Cu	28%	△
4C	Al-Si-Mg	35%	△
5A	Al-Cu-Ni-Mg	41%	×
8A	Al-Si-Cu-Ni-Mg	28%	×
KS-62	Al-Pb-Bi	46%	○
ADC12	Al-Si-Cu	27%	×
粉末烧结体	纯 Al	43%	△
烧结多孔体	纯 Al	18%	×

注：○为处理性良好；△为处理性稍难；×为处理性难。

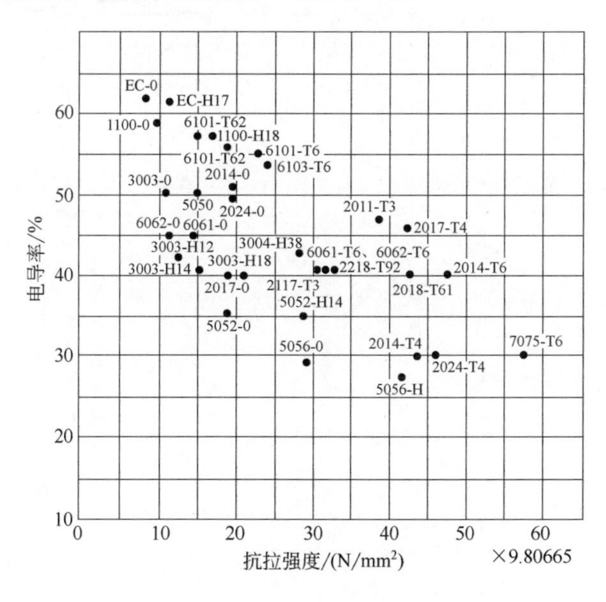

图 6-1　铝合金抗拉强度和电导率的关系

表 6-3、表 6-4 以及图 6-1 中，2000 系和 6000 系或者 7000 系热处理型

铝合金金属间化合物析出的程度可以预测其电导率的变化，对 1100、5052、2017、6061、AC2A、AC7A、ADC12、AI-Mn 合金、AI-Mg-Mn 合金以及 AI-Zn-Mg-Mn 合金进行退火。在 200℃、300℃、400℃以及 500℃，保温 1h。随后让其在炉中冷却，并测出各实验材料的电导率。下一步，将这些实验材料放入 22%（质量分数）硫酸溶液中（溶液温度 14℃，电流密度 3.5A/dm^2）进行氧化，分别得到厚度为 12μm 的氧化膜。

由热处理产生特性变化的基材的电导率变化见图 6-2，基材的硬度变化见图 6-3，基材的电导率和阳极氧化电压的关系见图 6-4，氧化膜的绝缘性见图 6-5 和图 6-6[3]，氧化膜表面翘曲硬度变化见表 6-5。

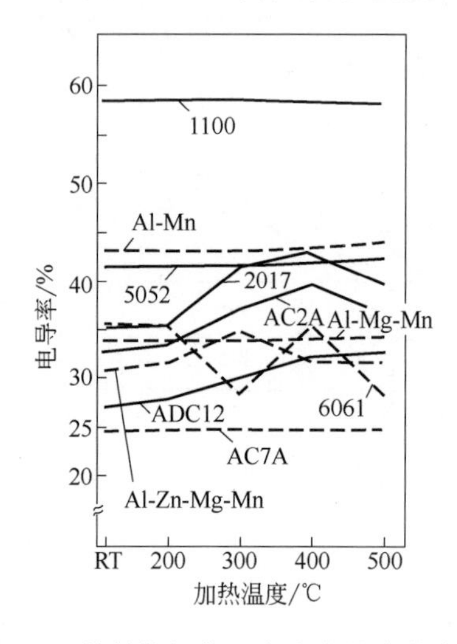

图 6-2 基材的加热温度和电导率的变化

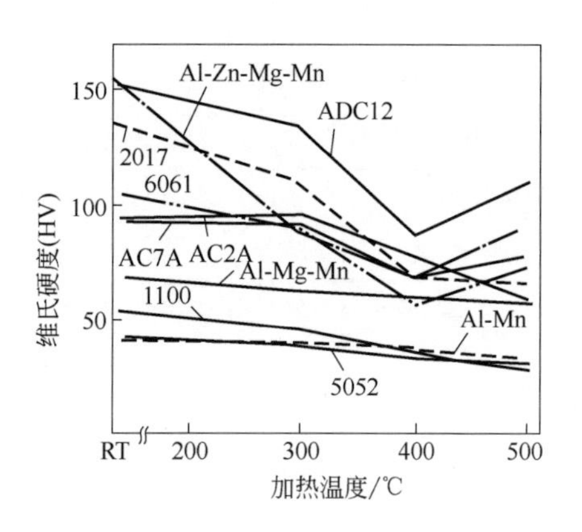

图 6-3 基材的硬度变化

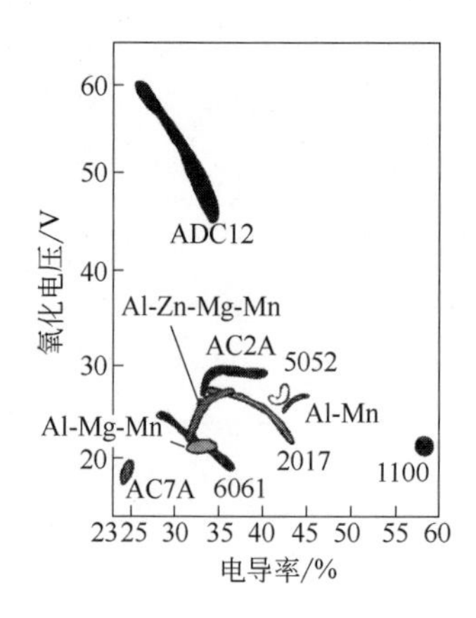

图 6-4 基材的电导率和阳极氧化最终电压的关系

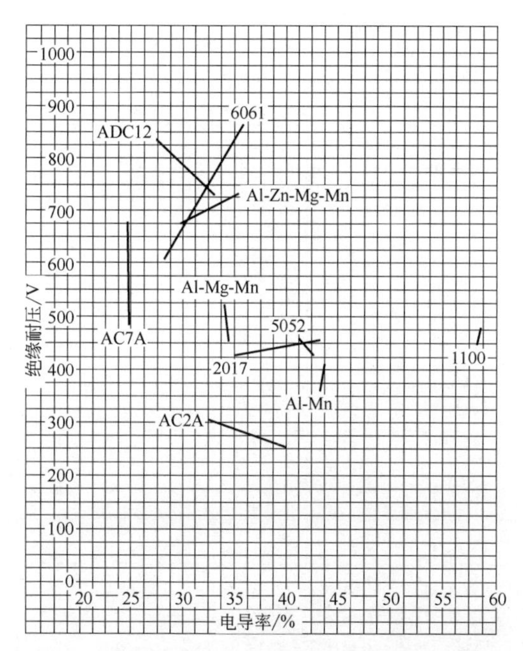

图 6-5　基材的电导率和阳极氧化膜的绝缘耐压

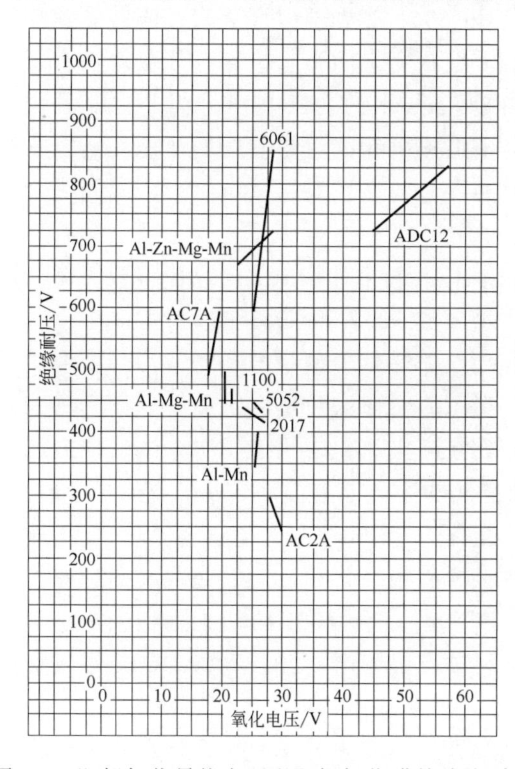

图 6-6　阳极氧化最终电压和阳极氧化膜的绝缘耐压

表 6-5　阳极氧化膜的翘曲硬度比较

合金	室温	200℃	300℃	400℃	500℃
1100	×	×	×	×	×
2017	×	×	○	○	○
5052	×	×	×	×	○
6061	○	×	×	×	○
ADC12	×	×	○	○	○
Al-Mn	×	×	×	×	×
Al-Mg-Mn	○	○	○	○	○
Al-Zn-Mg-Mn	○	○	○	○	○
AC2A	○	○	○	○	×
AC7A	○	○	○	○	○

注：×表示＜400HV；○表示≥400HV。

由图 6-2 可以看到，1100 以及 5052 非热处理型合金经过加热，电导率也没有变化，2017 和 6061 热处理型合金或者铸件受到加热影响，其电导率发生变化。这是由于组织变化而引起传导电子散射状态变化。热处理引起的电导率变化最大约 8%，最小约 0.1%。

图 6-3 所示为由加热引起的材料硬度的变化。所有材料均因加热导致硬度下降，部分合金如 ADC12 在高温区域由于金属间化合物析出导致硬度有所增加。

图 6-4 所示为按上述条件对各种试样进行阳极氧化处理的最终电压。从图中可以看出，加热导致 2017 和 6061 以及 ADC12 实验材料的电导率下降和最终氧化电压变高。非热处理型合金和铸造铝合金或多元素类合金的电导率变化与最终氧化电压的变化大致呈比例关系。作为影响氧化电压的因素，合金中金属间化合物在阳极氧化中的作用引人注目，最先由 J.Cote 确认是溶解和氧化[4]，本次在实验中没有看到 AI-Mn 合金、AI-Mg-Mn 合金的氧化的最终电压产生大的变化。

表 6-5 是加热试样阳极氧化后，对氧化膜表面翘曲硬度进行测量，表面硬度未满 400HV 时用×标记，400HV 以上用○来标记。在表中可以看出，氧化膜的硬度受基材硬度的影响。2017 和 ADC12 经过加热处理后氧化膜硬度增加了。

图 6-5 所示是经过加热使电导率发生变化后的试样的阳极氧化膜绝缘耐压情况。从结果看，因加热提高了电导率，氧化膜的绝缘耐压有增强的也有

减弱的，变形铝合金容易增强，铸造铝合金和锻造铝合金减弱比较多。可以推测这是由于阻挡层发挥了很好的作用。

图 6-6 所示为经过加热电导率变化后的材料的阳极氧化处理，随后观察最终电压和阳极氧化膜的绝缘耐压性。从图中可以看到，6061 氧化膜的绝缘耐压幅度为 250V，ADC12 和 AC7A 以及 Al-Zn-Mg-Mn 约为 100V。其他的约在 50V 以内，对热处理型铝合金来讲，组织变化对热处理依赖性很大。

众所周知，对阳极氧化膜进行加热可使硬度增加。现在合金材料多种多样，热处理型铝合金和铸造铝合金以及锻造铝合金是主要产品。为了满足客户的目的和用途，进行适当且有效的阳极氧化处理，我们认为这种基材热处理是有效的方法。

6.2.2 ADC12 材料的阳极氧化膜

在 JIS 标准中有关铸造材料规定有 3 种，分别是铝、锌以及镁。实际产量中铝铸造材料占 95%。其中铝铸造材料产量中 ADC12 又占 94%，其用途大部分是汽车零部件和机械零部件。虽没有准确的统计数据，但是在机械强度、耐腐蚀性、绝缘性和涂装附着性等要求高的方面，大都采用阳极氧化处理。铸件阳极氧化处理并不是很容易，铸件急速冷却时 Si 过饱和溶解在 α 相中，产生 Al-Si 的共晶组织和析出 Si，被阳极氧化的是 α 相（铝）。要生成良好的阳极氧化膜，要注意以下两点。

① 铸件各部位冷却速度是等速进行的。

② 进行热处理改善阳极氧化工艺适用性。

热处理引起的改善效果有如下几点：过饱和 Si 浓度减少；Si 粒子粗大化；氧化时的溶液电压降低；阳极氧化时产生的气体减少等。

一般来说，ADC12 材料适合的热处理条件在 350～450℃之间。图 6-7 是 ADC12 材料生成硫酸阳极氧化膜的原始状态，图 6-8 是表面切削 1mm 后再进行阳极氧化处理的情况，其放大 2 倍后状况见图 6-9。

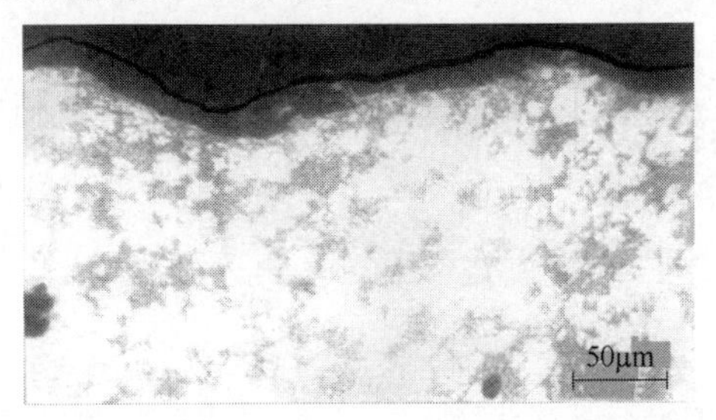

图 6-7 ADC12 铸造合金表面的阳极氧化膜

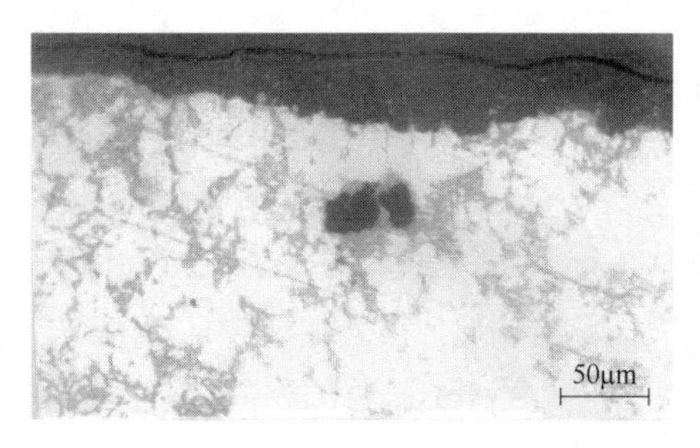

图 6-8　ADC12 合金表面切削 1mm 后的阳极氧化膜

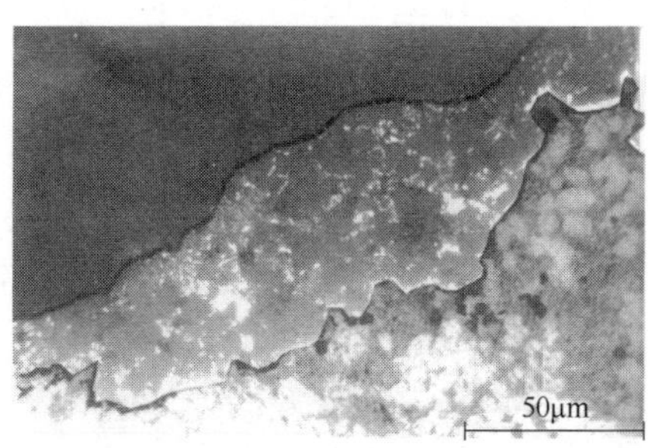

图 6-9　图 6-8 扩大 2 倍时情况

膜厚变化如此剧烈，在要求严苛的耐腐蚀性、电绝缘性或者润滑性条件时，大多数情况会进行树脂涂装。图 6-10 所示为对 10μm 厚的氧化膜进行特氟龙类树脂涂装提高润滑性。

6.2.3 观察铝合金铸件产品的阳极氧化膜横截面

图 6-11、图 6-12、图 6-13 所示分别是 AC2A、AC7A、AC8A 的氧化膜横截面照片。图 6-14 所示是各种铸件的基材及氧化膜的维氏硬度测量数值。

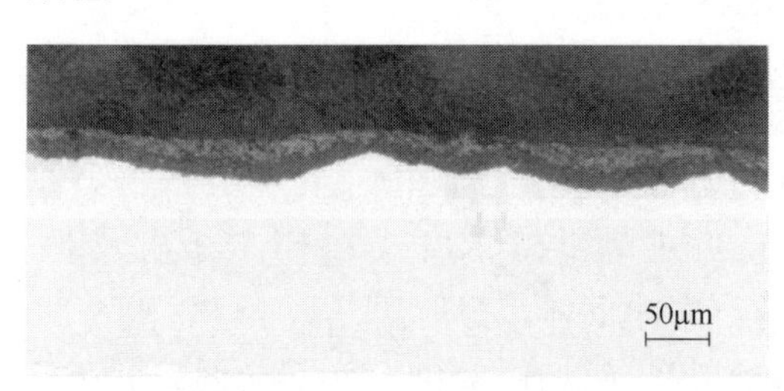

图 6-10　ADC12 合金的特氟龙涂层和阳极氧化膜的复合处理

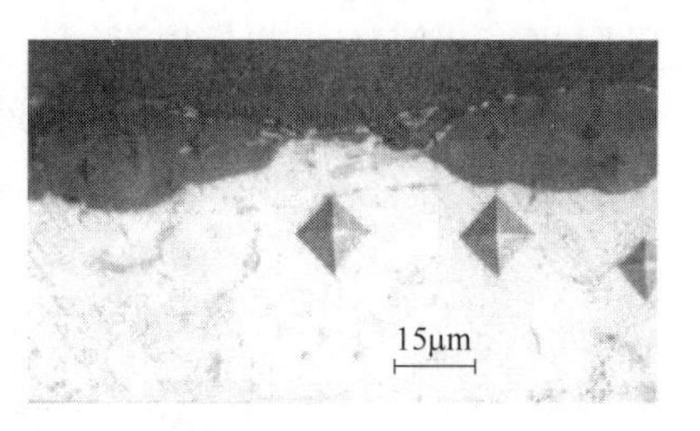

图 6-11　AC2A 合金的阳极氧化膜

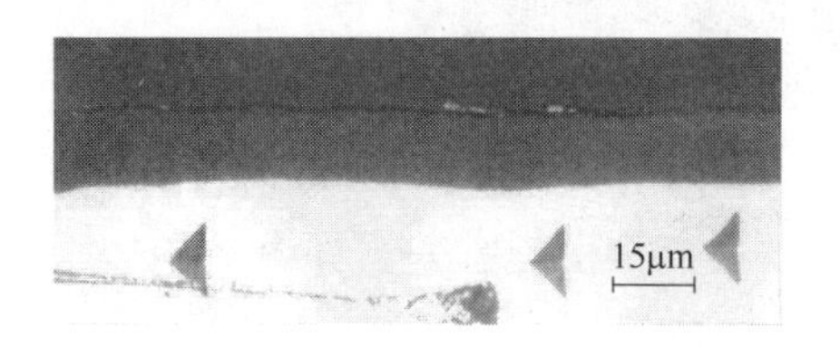

图 6-12　AC7A 合金的阳极氧化膜

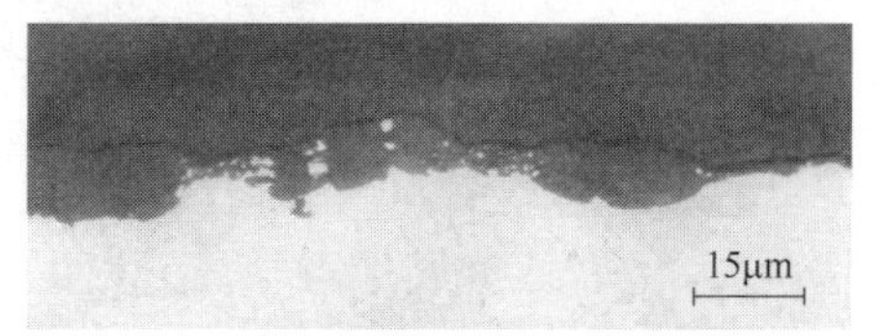

图 6-13　AC8A 合金的阳极氧化膜

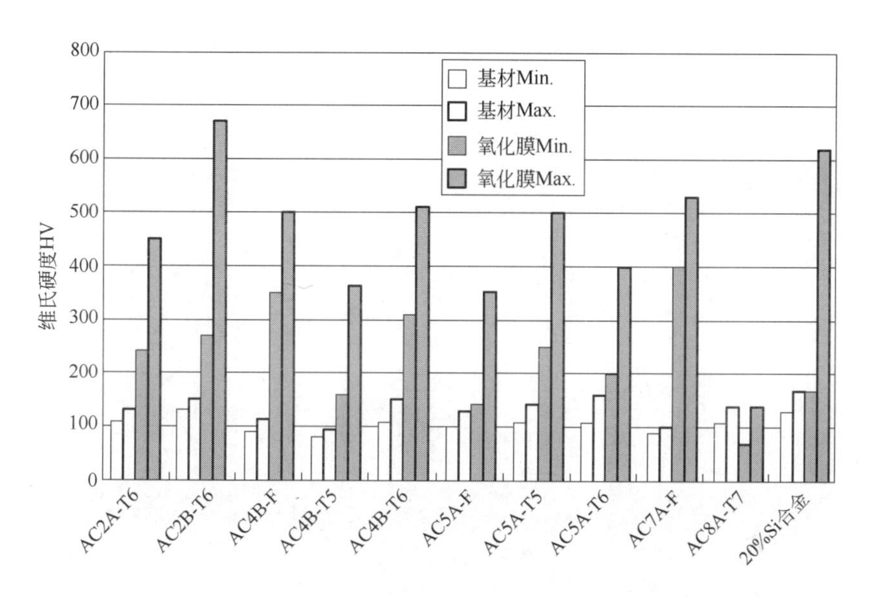

图 6-14　各种 AC 合金和阳极氧化膜的维氏硬度

6.2.4　观察硅元素在氧化膜中游离存在时的合金氧化膜横截面

图 6-15 所示是 4043 板材 40μm 厚的氧化膜横截面，图 6-16 所示是 A390 合金 120μm 厚的阳极氧化膜横截面[5]。

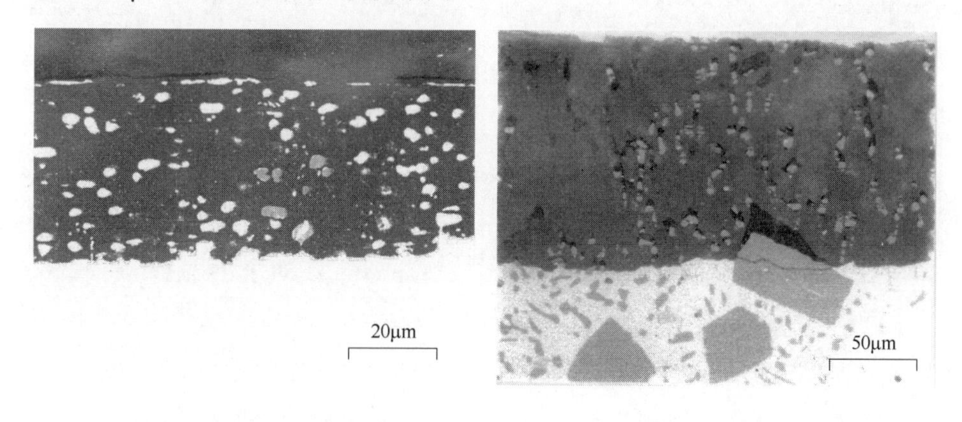

图 6-15　4043 合金的氧化膜　　图 6-16　A390 合金的阳极氧化膜

6.2.5　观察各种铝合金的阳极氧化膜的表面[6]

图 6-17 是将 8 种变形铝合金和 ADC12 放入 15℃、20%的硫酸溶液中，用电流密度 2A/dm^2 生成 30μm 阳极氧化膜后，用去离子水洗，并用热水封孔

处理后的放大200倍的外观照片。

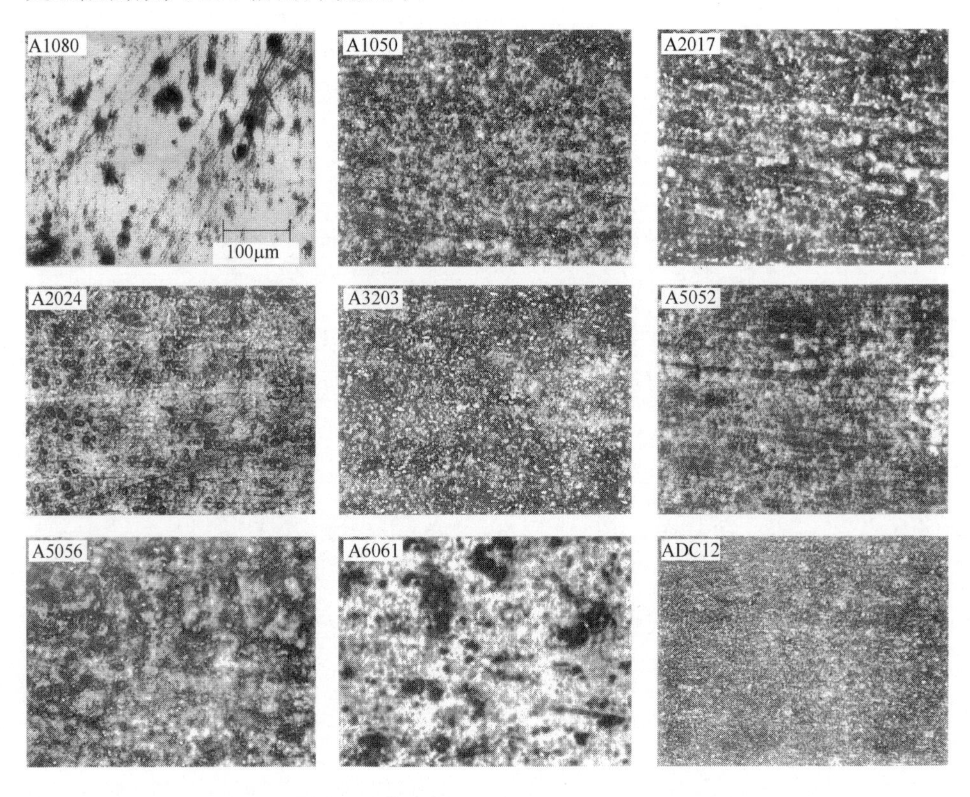

图6-17　各种铝合金的阳极氧化膜表面的观察

表6-6所示是用HEIDON-10型静摩擦系数测量仪（新东科学株式会社制造）所测量的各试样的氧化膜表面静摩擦系数。设备所用钢制滑块接触面积10mm×25mm，表面粗糙度*Ra*：0.1μm，*Ry*：0.7μm，*Rz*：0.6μm，质量50g。表6-7所示是用SUGA株式会社制造的平面往复磨耗试验机（型号NUS- ISO-3），将缠绕有#320粒度碳化硅砂的摩擦轮子，加载1kgf（1kgf=9.8N，余同）载荷往复研磨100次，将试片表面的磨耗量和表6-6所示的静摩擦系数之间的关系进行比较。

表6-6　各种铝合金材质氧化膜表面粗糙度和摩擦系数

合金材料	厚度/μm	表面粗糙度/μm			摩擦系数精度±偏差值
		Ra	R_{max}	*Rz*	
A1080	30	0.3	2.9	1.8	0.22±9.5%
A1050	30	0.4	10.2	4.9	0.21±8.7%
A2017	25	0.6	5.6	4.5	0.14±8.7%

续表

合金材料	厚度/μm	表面粗糙度/μm			摩擦系数精度±偏差值
		Ra	R_{max}	Rz	
A2024	24	0.2	1.9	1.6	0.20±9.9%
A3203	27	0.3	2.5	1.8	0.15±7.0%
A5052	29	0.4	3.6	2.9	0.18±17.7%
A5056	28	0.6	4.4	3.3	0.17±16.5%
A6061	30	0.3	2.2	1.8	0.20±18.1%
ADC12	30	0.5	4.6	3.5	0.68±20.1%

表 6-7　各种铝合金氧化膜摩擦系数和磨耗量的关系

铝合金	低摩擦系数顺序	低磨耗量顺序	氧化膜耐久性顺序
A1080	1 位	8 位	5 位
A1050	3 位	7 位	6 位
A2017	6 位	1 位	2 位
A2024	3 位	5 位	3 位
A3203	2 位	2 位	1 位
A5052	6 位	4 位	6 位
A5056	5 位	3 位	3 位
A6061	8 位	6 位	8 位
ADC12	9 位	9 位	9 位

从这些实验结果来看，摩擦系数根据材料材质不同有差异：①变形铝合金在 15℃左右其硫酸溶液氧化膜的静摩擦系数为 0.2 左右。②从材质来看，2017、3203 氧化膜的静摩擦系数以及偏差最小。③表面粗糙度增加使静摩擦系数增加。④可看到 ADC12 和 3203 两种合金材料的氧化膜的静摩擦系数和磨耗量的相关性很好。从图 6-17 可以观察到表面微观粗糙度。⑤如果忽略基材的强度，类似 1080 材料这样高纯度铝材氧化膜具有优异的耐磨性。

6.3　总结

一次性将铝合金材料和阳极氧化膜之间的关系交代清楚是极其困难的，笔者过去研究过铝电线的连续阳极氧化处理，是对 30μm 厚的硫酸多孔氧化膜，用钼硫化物润滑剂进行浸渍作为功能性阳极氧化产品，以及能显示抗菌性和润滑性功能的碘化物浸渍技术的开发等。还有与星空铝业（株式会社）共同利用金属间化合物 Al_6Mn 开发的远红外放射材料的商业化工作。经手处理的铝合金有超高纯度5N和4N合金、硅元素含量20%以上的高硅铝合金等，合金种类繁多，尤其与润滑阳极氧化的基材 ADC12 材料渊源颇深。铝合金材料的类型决定了阳极氧化膜70%的功能。充分把握铝合金材料及其生成的氧化膜的结构，对未来提升阳极氧化膜的特殊功能十分关键。

参考文献

[1] アルミニウム表面処理ノート 第6版、軽金属製品協会試験研究センター、p.36

[2] アルミニウム表面処理ノート 第6版、軽金属製品協会試験研究センター、p.73

[3] 寺元恵吾、前嶋正受、猿渡光一、石和和夫、馬場規泰：近畿アルミニウム表面処理研究会会誌 No.194（1998)、p.1-5

[4] J.Cote, E.E.Howlet, H.J.Lamp：Plating, 56, 386 (1969)

[5] METARAST：Manufacture's Technical Report, p.12

[6] 前嶋正受、猿渡光一、石和和夫、平田昌範、馬場規泰：近畿アルミニウム表面処理研究会会誌 No.170（1994)、p.4-10

第 7 章

碘化物浸渍铝阳极氧化膜——摩擦性能

高谷松文　前岛正受　桥本和明

户田善朝　中岸丰　坂口雅章

7.1 概要

碘是卤族元素，原子序列为 53，原子量 126.9，相对密度 4.93，熔点 113.7℃，沸点 184.5℃，地球存量 0.5×10^{-6}。

碘在智利、日本、美国、中国、阿塞拜疆、土库曼斯坦、俄罗斯、印度尼西亚等都有生产，全世界年产量约 18000t。其中日本的生产量约占世界的 40%。千叶县和宫崎县从咸水中收集，秋田县和新潟县从原油中提取。其中千叶县的产量相当于日本国内产量的 88%。

从世界碘需求来看，X 射线造影剂需求量为 22%、杀菌/防腐剂 20%、反应中间体 19%、医药用品 16%、饲料添加剂 9%、除草剂 4%、显影剂 3%以及其他占 7%[1]。

提到日常生活的碘，我们常常联想到鸡肉和鸡蛋，每人每天摄入量必须在 150μg，从海带、裙带菜等藻类中以 NaI 或者 KI 的形式摄取。如果摄入量不足的话会产生碘缺乏症，造成甲状腺肥大和智力障碍或者发育不全等。

近年来碘的工业应用领域不断扩大，在太阳能电池、半导体、激光等高科技领域的开发利用处于高速发展中[1, 2]。

研究人员持续投入精力，对碘进行科学研究。在铝阳极氧化膜的微细孔里沉积碘化合物，探索由碘提高摩擦性能，赋予其作为润滑阳极氧化膜功能的研究工作得到了业界认可，以下将对相关科研成果进行介绍[3-9]。

7.2 碘及其化合物的润滑特性

根据固体润滑手册，按层状固体润滑剂成分进行分类，列举的固体润滑剂有 $CdCl_2$ 和 CdI_2 等卤化物。众所周知的碘化物有 BiI_3 和 NiI_2，CdI_2 本身在大气中摩擦系数是 0.24，在真空中摩擦系数是 0.18[10]。卤化物盐和碘是油性改良剂的极性基团[11]。图 7-1 所示是 CdI_2 的层状晶格模型[12]。层状晶格的层间结合力容易破坏，剪切力小，具有润滑性优异的结构。图 7-2 所示是具有层状晶格结构的卤化镉的负载与剪切力关系图。可以看出 CdI_2 是易于剪切且稳定的[13]。

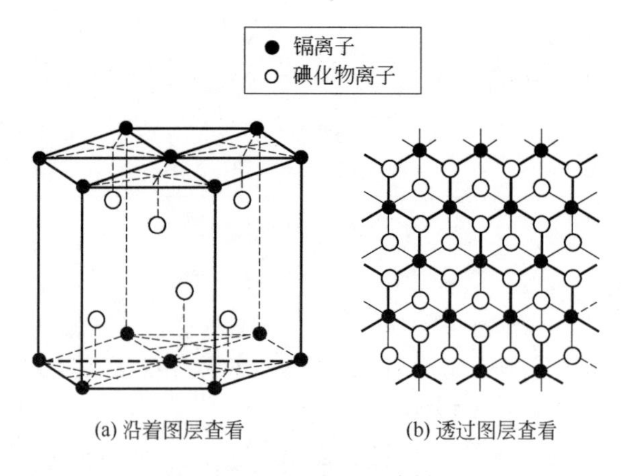

图 7-1 CdI_2 层状晶格模型

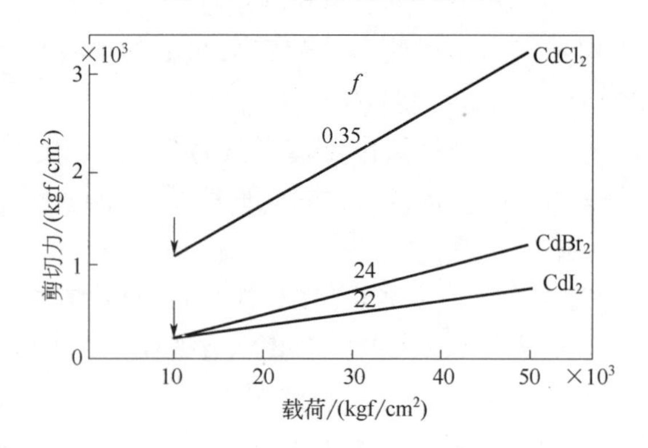

图 7-2 有层状晶格结构的镉卤化合物剪切性状况

有关碘化物润滑性的研究论文稀少零散[12-18]。这类论文当中有A.J.HALTNER研究员发表的一篇论文。其中在10^{-9}Torr（1Torr=133.3Pa）的超真空状态下，对各种层状固体润滑剂的摩擦系数进行测定的成果如表7-1所示。结果显示：拥有CdI_2晶格构造的CdI_2和$CdBr_2$，或者具有晶格构造的$CdCl_2$等在真空中摩擦系数要比石墨低。

表7-1　层状结构固体在真空中的磨耗数据

序号	晶体	晶格构造	摩擦系数f		压力/Torr（1Torr≈133Pa）
			空气	真空	
1	天然石墨	石墨	0.19	0.44	6×10^{-9}
2	热解石墨	石墨	0.18	0.5	2×10^{-9}
3	氮化硼	石墨	0.25	0.7	2×10^{-9}
4	MoS_2	MoS_2	0.18	0.07	2×10^{-9}
5	WS_2	MoS_2	0.17	0.13	3×10^{-9}
6	BiI_3	AsI_3	0.34	0.39	5×10^{-7}
7	LiOH	LiOH	0.37	0.21	2×10^{-9}
8	NiI_2	$CdCI_2$	0.48	0.44	2×10^{-8}
9	$CdCI_2$	$CdCI_2$	0.35	0.16	2×10^{-9}
10	CdI_2	CdI_2	0.24	0.18	2×10^{-9}
11	$CdBr_2$	CdI_2	0.22	0.15	2×10^{-9}
12	SnS_2	CdI_2	0.40	1.0	2×10^{-9}
13	酞菁染料	—	0.35	0.33	1×10^{-6}

佐藤准一和佐藤宗男在相关不锈钢的微动磨耗研究中，对碘化物的润滑特性进行了研究[16]。船舶用机械部件除碳钢材料以外，也用了不锈钢产品（SUS304），两种钢之间组合会发生微动磨耗，为抑制这种微动磨耗进行了相关试验。试验条件大致是这样的。上面试样是半径2.65mm的球面，在与下面试样平面接触的状态下，放入有润滑剂的容器中，用电磁振动器进行水平振动。振动频率100Hz、振动幅度0.3mm、1个摩擦循环的距离是1.2mm。垂直载荷100gf。

图7-3所示是进行10min的微动磨耗实验后的摩擦表面状况[16]。图7-3（a）为无润滑剂处理的摩擦面，图7-3（b）是覆盖PTFE后的试样摩擦面，图7-3（c）是覆盖MoS_2和石墨后的试样摩擦面，图7-3（d）是覆盖SnI_2后的试样摩擦面。

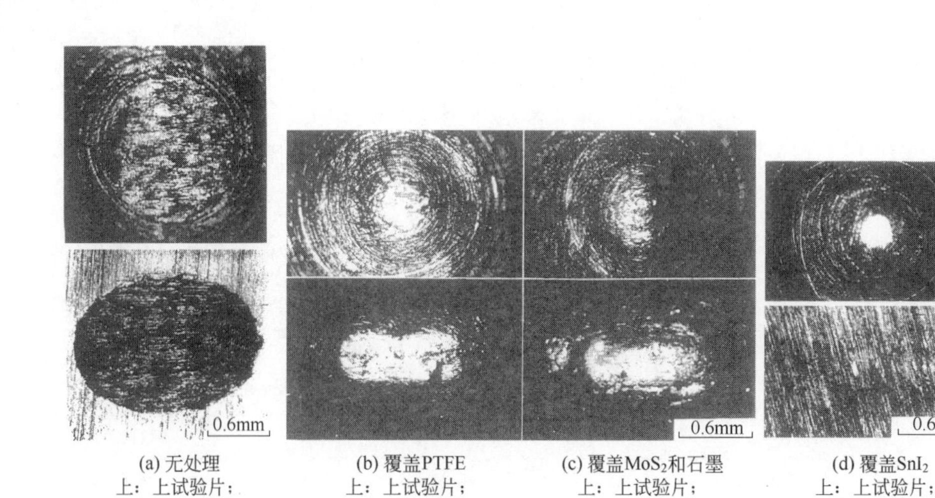

(a) 无处理
上：上试验片；
下：下试验片

(b) 覆盖PTFE
上：上试验片；
下：下试验片

(c) 覆盖MoS_2和石墨
上：上试验片；
下：下试验片

(d) 覆盖SnI_2
上：上试验片；
下：下试验片

图 7-3 微动磨耗引起磨耗面的状况

从实验结果可以看出，对微动磨耗来说，碘化物的润滑，比 PTFE、MoS_2 和石墨的润滑效果要好。图 7-4 所示是各种碘化物抑制不锈钢微动磨耗的效果[16]。如图 7-4 所示比磨耗量越少效果越佳，最有效的 SnI_2 润滑效果，比无润滑剂时比磨耗量减少了 3 个数量级。

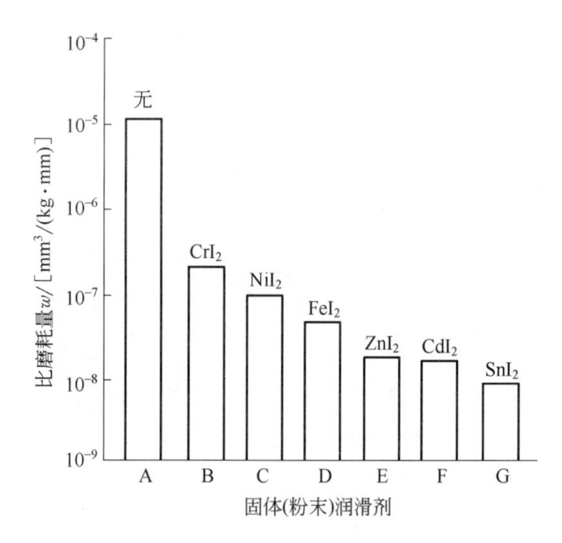

图 7-4 不锈钢微动磨耗时的比磨耗量

图 7-5 所示是将不同熔点的金属碘化物，和以其为润滑剂进行 10min 微动磨耗后的试片的磨损痕迹直径之间的关系进行比较[17]。熔点越低磨耗痕迹

直径越小，越容易形成软质固体润滑膜，表明抑制微动磨耗效果越好。

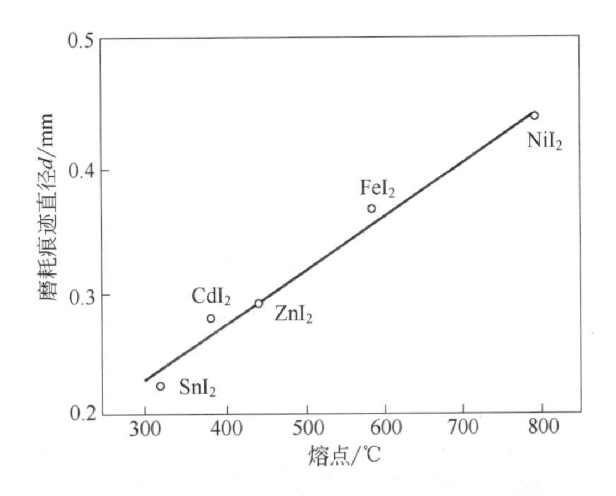

图 7-5　金属碘化物的熔点和磨耗的关系

综上所述，可以得出结论：金属碘化物的层状固体润滑剂，根据使用环境状况，具有与石墨和 PTFE 相匹敌的润滑性能。但是考虑到 Cd 和 Cr 对人体健康具有损害和对环境具有污染的因素，所以不能使用。

如前所述，从日本拥有世界第二大产量的碘化合物入手，并确认其有优秀的润滑性能，特别是不含有害金属和有机物的碘化物，比如聚乙烯吡咯烷酮-碘（又称聚维酮碘、PVPI）还可以用作漱口药。其分子结构如图 7-6 所示。用其对阳极氧化膜进行电化学沉积，成功开发了适应环保要求的润滑阳极氧化膜，是功能性阳极氧化膜中的润滑阳极氧化的典型开发案例。

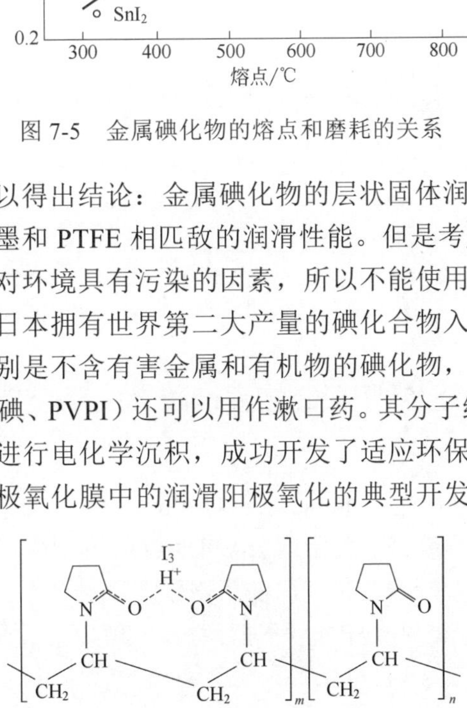

I_3^- H^+ N O O N CH CH_2 CH CH_2 m N O CH CH_2 n

图 7-6　PVPI 的分子结构式

7.3　PVPI 浸渍制作润滑阳极氧化膜

7.3.1　确认润滑剂 PVPI 水溶液的润滑性

使用质量分数 0.5% PVPI 水溶液，用曾田式四球摩擦试验（jisk2519）来确认润滑性是否存在。图 7-7 所示是单独用去离子水与溶解质量分数 0.5%的

PVPI 水溶液，以钢球为对象用折返角度来比较耐载荷重能。不存在 PVPI 时，试验开始后 30s 其载荷为 9.8N，折返角为 5° ±2°，有 PVPI 存在时折返角是 3°，约是 2 倍的耐载荷。

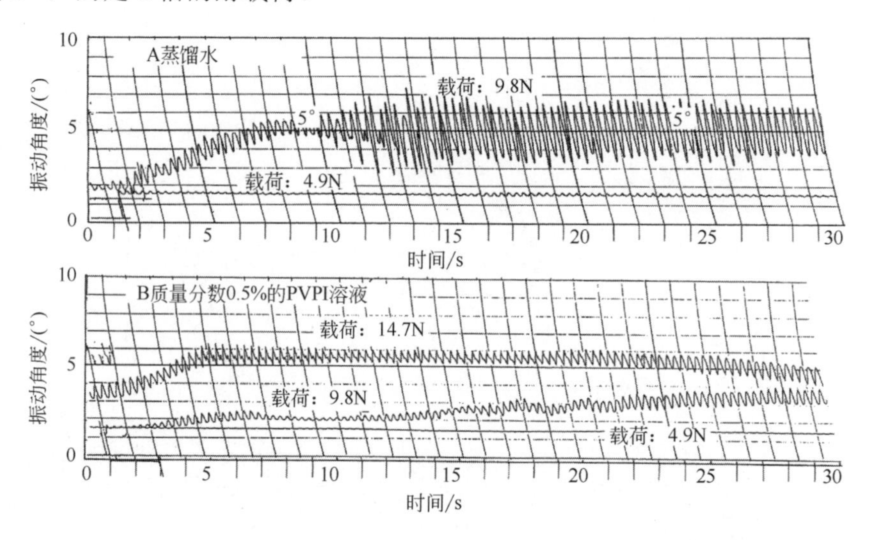

图 7-7　由曾田式四球耐载荷重能试验进行的 PVPI 水溶液耐载荷试验

7.3.2 PVPI 浸渍铝阳极氧化膜和润滑性评价实例[4, 5]

（1）试验材料制作方法

将 A6061 板材制作成 1mm×50mm×100mm 尺寸，首先将受到切削时产生的毛刺除去，用市场销售的脱脂剂（ADD100）、刻蚀剂（Arusten SK）和除灰剂（N-20）进行脱脂、刻蚀和除灰后，放入质量分数 5%硫酸溶液中，在溶液温度 6℃、电流密度 3A/dm^2 下进行直流电解，生成厚度 60μm 硬质氧化膜（试验材料 A）。

将 PVPI 加入蒸馏水中配制质量分数 0.5%的溶液，用搅拌机搅拌至完全溶解。铂钛复合电极作为阴极，60μm 厚的阳极氧化膜的样板作为阳极进行二次电解。溶液温度为室温，电解条件为直流电源，恒压 150V 电解 5min，然后进行水洗并用 80℃热风干燥（试验材料 C）。

从以前润滑阳极氧化膜的摩擦特性试验来看，即使氧化膜微孔里具有润滑性能优异的钼硫化合物或 PTFE 系润滑物，摩擦初始时摩擦系数尚未变小，在摩擦开始时并不一定就有良好的效果。需要重视的是，摩擦磨耗试验中初期磨合磨耗阶段是关键点，尤其是润滑阳极氧化膜要获得低摩擦系数，务必要尽快通过初期磨合磨耗阶段。也就是说，简单的初期磨合处理是必要的。

从此观点出发，我们用市售的浸渍型 PTFE 微粒子分散液（奥野制药厂制造，这个分散液是用特殊手段向水里分散 PTFE 微粒子而制成的）来浸渍 PVPI 阳极氧化膜，这种方法使其增加了初期适应性。具体试验材料制作方法如前所述：60μm 硬质阳极氧化膜 A6061 材料处理浸渍 PVPI、水洗、室温控水干燥后，将市售的分散液稀释至 50mL/L，在温度 40℃下浸渍 15min。随后进行水洗及热风干燥（试验材料 D）。为了比较下一项所述的润滑性，将试验材料 A 用 PTFE 微粒子分散液浸渍得到了试验材料 B，对全部 4 种试验材料的润滑性进行比较。

（2）评价润滑性方法

评价润滑性用球盘型摩擦磨耗试验机进行。试验条件是用直径 5mm 的 SUJ2 轴承钢球，摩擦载荷 1.96N，摩擦回转速度 5cm/s，摩擦测试长度 1000m，在相对干燥的环境中进行试验。如图 7-8 所示是球盘型摩擦磨耗试验机示意图。摩擦测试长度达到 1000m 后，分别测量磨耗率、比磨耗量、磨耗系数、摩擦系数、磨耗痕迹的宽度和磨耗深度。还要测量摩擦对象——SUJ2 轴接钢球接触部分的头部磨耗痕迹的直径。

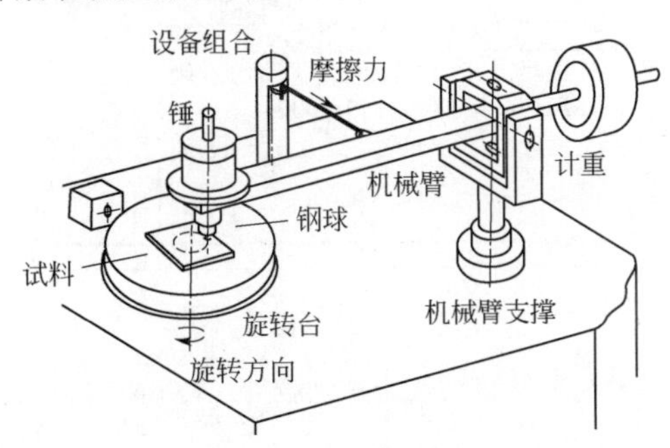

图 7-8　球盘型摩擦磨耗试验机

① 摩擦系数的测量结果

图 7-9 所示是对试验材料 A、B、C、D 摩擦 1000m 后各自的摩擦系数变化。试验材料 A 开始阶段摩擦系数高，试验材料 B 从 200m 左右开始有黏滑现象出现，500m 左右开始摩擦系数急速增加。可以推断可能是 PTFE 微粒子被消耗光了。试验材料 C 从 500m 左右开始有黏滑现象出现，800m 左右开始摩擦系数急速增加。另一方面，试验材料 D 即便是达到 1000m，一直维持在初期摩擦系数 0.13，也就是说取试验材料 B 和试验材料 C 的各自优点，可以得到稳定的低摩擦系数。

图 7-10 所示是测量试验材料以及钢球磨耗痕迹的结果。试验测量的磨耗痕迹深度和钢球磨耗面直径按照试验材料 A、B、C、D 顺序减少。图 7-11

所示是试验材料的磨耗率、磨耗量、磨耗系数也是按照试验材料 A、B、C、D 顺序减少。可以得出试验材料 D 是摩擦性能最优的。

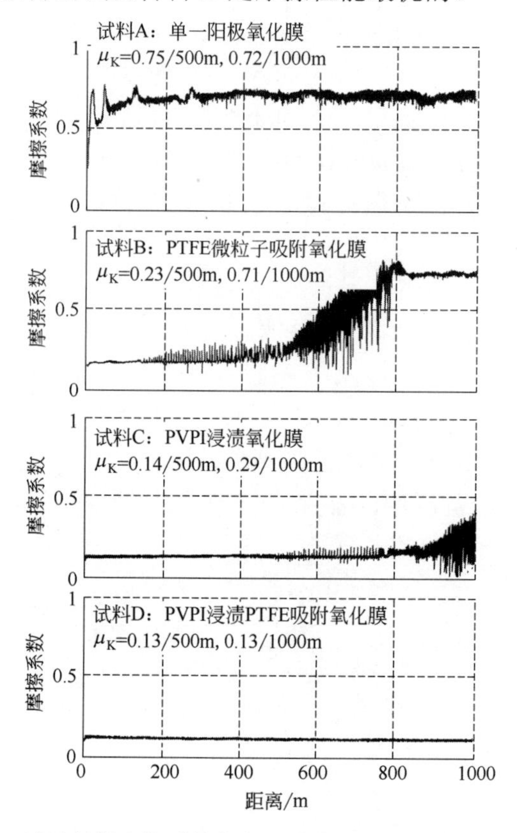

图 7-9　试验材料摩擦系数的变化载荷：1.96N，距离：1000m

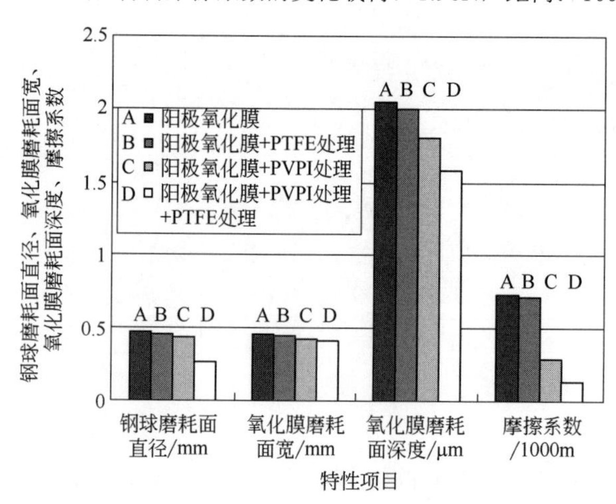

图 7-10　试验材料经 1000m 摩擦后，对应钢球的磨耗痕迹的宽度、深度及直径

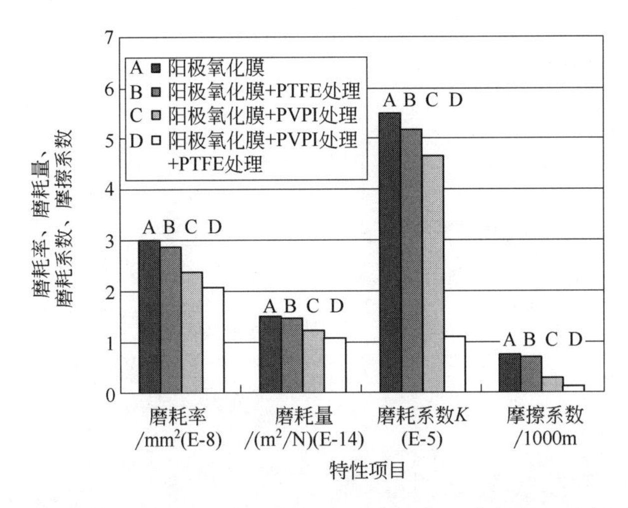

图 7-11　试验材料经 1000m 摩擦后的磨耗率、磨耗量、磨耗系数

② 用 XPS 测量法分析各氧化膜的碘以及氟元素

图 7-12 所示是对试验材料 A、B、C、D 用 XPS（X 射线光电子能谱分析）分析氧化膜表面的碘（I）和氟（F）元素的结果。结果可以看出试验材料 B 表面检查出氟（F），试验材料 C 表面检查出碘（I），试验材料 D 表面检查出碘（I）和氟（F）。由此可以推断表面存在两种元素相叠加的效果，导致试验材料 D 能够长期维持稳定的低摩擦系数。

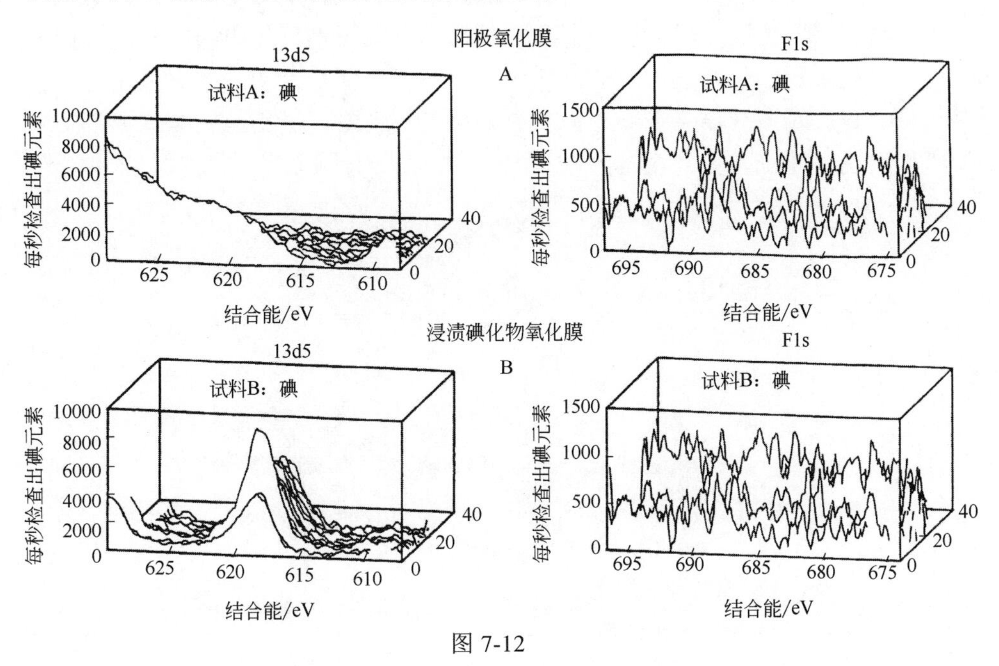

图 7-12

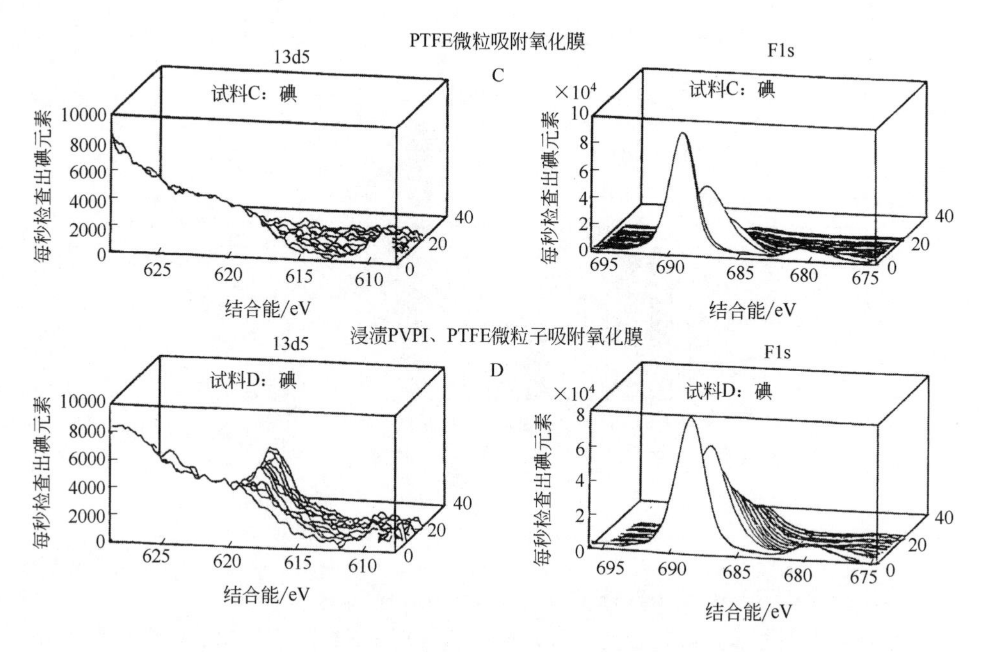

图 7-12　使用 XPS 测定试验用材料表面的碘以及氟元素的结果

7.4　总结

如上所述，从碘化物着手对阳极氧化膜微孔进行电化学沉积，成功开发了润滑阳极氧化膜。对比以前在表面喷涂各种润滑剂覆盖膜的做法，我们采取对微孔沉积碘化物润滑剂的做法可以得到长期而稳定的耐摩擦性能。

更进一步研究结果表明，PTFE 微粒子等吸附在氧化膜表面减少了初期磨合磨耗，得到了更加稳定的低摩擦系数。

参考文献

[1] Forum on Iodine Utilization catalogue
[2] 千葉県商工労働部工業課：千葉県天然ガス開発利用図 (1998)
[3] 高谷松文、橋本和明、戸田善朝、前嶋正受：軽金属学会第 101 回秋季大会講演概要 20 (2001)
[4] 高谷松文、橋本和明、戸田善朝、中岸 豊、坂口雅章、前嶋正受：軽金属学会第 103 回秋季大会講演概要、93 (2002)
[5] 高谷松文、橋本和明、戸田善朝、中岸 豊、坂口雅章、前嶋正受：表面技術協会第 107 回講演大会要旨集、26B-29 (2003)
[6] 高谷松文：近畿アルミニウム表面処理研究会 2003 年春季特別講演会要旨集

[7] M.Takaya, K.Hashimoto and M.Maejima：15th World congress and Exhibition, September13-15, Germany (2000)
[8] M.Takaya, K.Hashimoto and M.Maejima：Fronti ers of Surface Engineering 2001 And Exhibition (FSE2001) October 28, Nagoya (2001)
[9] M.Takaya, K.Hashimoyo, Y.Toda and M.Maejima: Surface and Coatingds Technology, 169-170 (2003), p.160
[10] 松永正久、津谷裕子：固体潤滑ハンドブック、幸書房、p.5,192,542
[11] 日本潤滑学会編：潤滑用語集、養賢堂、p.162
[12] A.J.Haltner：ASLE TRANSACTIONS 9 (1966), p136-148
[13] J.K.Lancaster：Wear, 10 (1967), p103
[14] D.G.Flom, A.J.Haltner and C.A.Gaulin：ASLE TRANSACTIONS8 (1965), p133-144
[15] A.J.Haltner：Trans. 10th Natl. Vacuum Symp. Am. Vacuum Soc. (1963), p14-22
[16] 佐藤準一、佐藤宗男：潤滑、Vol.1 (1964)、p.53
[17] M.E.Sikorski：Wear, Vol.7 (1964), p.144
[18] 森 誠之、七尾英孝：トライボロジスト

第8章

碘化物浸渍铝阳极氧化膜——抗菌性能

高谷松文 前岛正受 桥本和明 户田善朝

8.1 概要

一个人的身体健康不能仅仅依靠医院，自我健康管理和预防疾病的概念正在快速普及。随着自我预防意识的增强，与保持健康相关的功能材料的开发将会掀起高潮，适应老龄化社会发展需求的保健用材料的开发也会日新月异。

类似这样的医疗、健康和福利用功能性材料，有杀菌、抗菌、防臭、除臭的功能，还有专门的除臭材料、紫外线屏蔽材料、抗过敏材料、防虫/防蜱材料、医用材料等。笔者最新开发了无机系列抗菌剂，在铝阳极氧化膜的微孔中浸渍碘化物后，成功开发了新的抗菌材料，已经开始在多个领域推进商业化的应用。

本章将重点研究浸渍碘化物的阳极氧化膜的工艺调整、抗菌性、抗霉菌性等。

8.2 微生物和细菌的分类[1]

日常生活中人们会接触大量细菌和微生物。比如，霉菌、酒精酿造时使用的酵母、乳酸菌和大肠埃希菌（大肠杆菌）等细菌，还有感冒时的病毒。生活中这些，有的是有益的，有的是有害的，我们要对此进行甄别。

图 8-1 所示为微生物和细菌的分类。细菌按形态分有球菌和螺旋菌，除此之外是按细胞壁结构（影响生理作用的）不同进行分类的。用革兰氏染色法对微生物的染色状态进行分类，如图 8-2 根据细胞壁的不同，有革兰氏阳性菌和革兰氏阴性菌。有代表性的阳性菌有黄色葡萄球菌、纳豆菌、乳酸菌和肉毒梭菌等[2]。有代表性的阴性菌有大肠埃希菌、醋酸菌、霍乱菌和沙门菌等。因细胞壁的不同，杀菌剂的选择也不同。有的杀菌剂对阳性菌有作用，但对阴性菌无用。

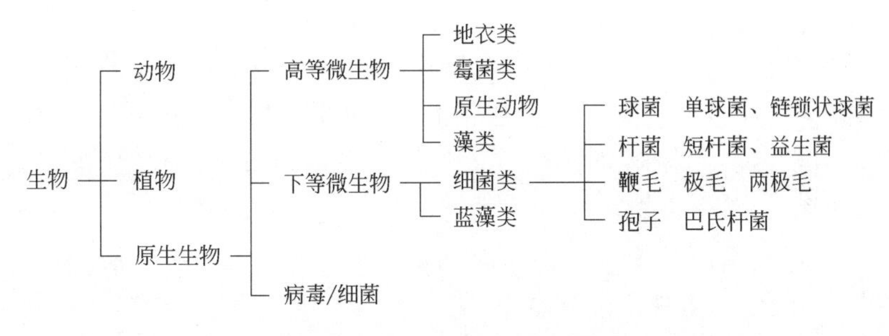

图 8-1　微生物和细菌的分类

微生物繁殖时细胞数量随着时间变化而变化，图 8-3 所示为繁殖变化曲线[2]。繁殖过程大致分为以下几个时期：

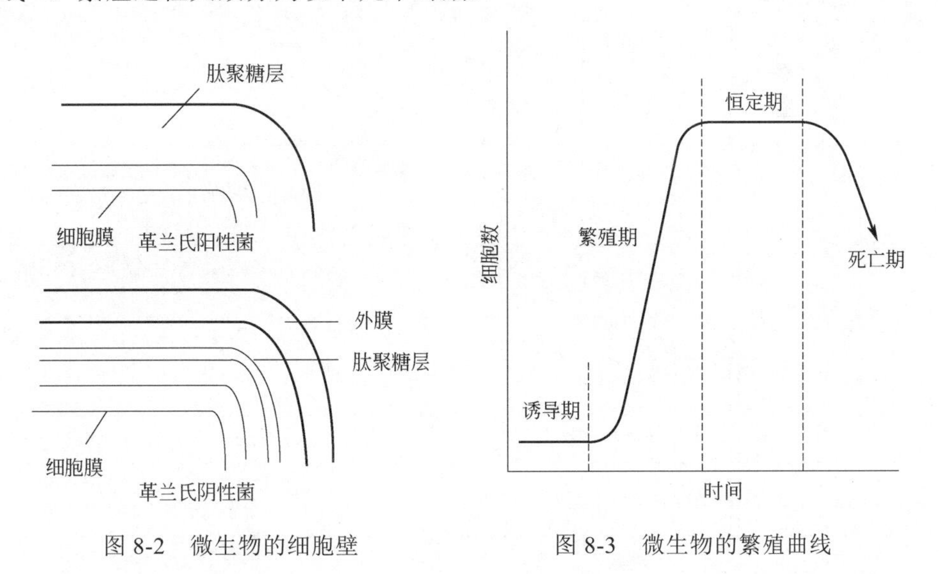

图 8-2　微生物的细胞壁

图 8-3　微生物的繁殖曲线

① 刚接触到新的培养基的细胞处在分裂前的状态，细胞数量处于几乎没有变化的诱导期；

② 细胞快速分裂的繁殖期；

③ 经过一段时间以后营养源衰退，有害代谢物质也不断积累，细胞繁殖停止，进入恒定期；

④ 细胞开始死亡，进入死亡期。

因微生物的繁殖状态各异，抗菌剂的杀菌性也有很大差异，评价抗菌性时，预先了解要杀菌的微生物的性质和繁殖状态是很重要的。

8.3 抗菌的定义

目前产业官方学者各有不同的抗菌定义，没有统一的见解。抗菌加工制品在市场大量销售，为打消消费者的顾虑，1998 年 12 月当时的通商产业省（现在叫经济产业省）召开了“生活相关新功能加工产品座谈会”，经广泛征求意见，决定各产业各自准备自己本行业有关的抗菌产品指导大纲。其中对抗菌产品的定义，是指该产品的表面有抑制细菌繁殖的功能。抗菌效果的试验方法，根据抗菌产品的种类不同而不同，抗菌效果的评价方法选择的是日本工业标准（JIS）所规定的方法[3, 4]。

表 8-1 所示是日本全国家庭电气制品公正交易协会和日本住宅设备系统协会相关定义一览表。

日本药局方面（据药事法第 41 条，医药品及制剂品公告）定义为：抗菌是使用抗生素药物，灭菌是指将全部的微生物杀伤除去，杀菌是指将微生物杀死，消毒是指将对人畜有害的微生物杀灭。

表 8-1　相关用语的定义

通产省抗菌报告书	（社）日本全国家用电器产品公正交易协会 出处：《相关抑制菌类用语使用基准》 1997-10-1	（社）日本住宅设备系统协会　出处：《相关住宅设备的抗菌性能试验方法/表示和判断基准》1998-6-12
灭菌	杀伤除去微生物	完全杀死或除去附着在物体或含有的所有微生物，使其处于无菌状态
消毒	微生物内病原性的东西全部杀灭/除去	将物体或生物体附着和包含的病原体微生物杀死或除去，使其丧失感染能力
杀菌	杀死微生物	杀死目标物中生存的微生物
除菌	除去某种物质或限定空间的微生物	用过滤和清洗的手段，减少物体中所含微生物的数量，提高洁净度
抗菌	抑制微生物产生、发育、繁殖	抑制产品表面细菌繁殖
抗霉菌	抑制霉菌产生、发育、繁殖，对象仅为霉菌	
抗病毒	抑制病毒活动，对象仅为病毒	抑制病毒活动，目标仅为病毒

8.4 选择碘作为无机抗菌材料的理由[1, 5]

碘是地球上普遍存在的，是具有不同特征的卤族元素。千叶县是世界闻名的碘的产地。日本在开采天然气时，随着被一起收集上来的咸水当中含有大量的碘（碘含量 90～130mg/dm^3）。

用氯进行氧化，吹入空气气萃后，用离子交换树脂吸附浓缩。其成因是埋在地下的第三纪至第四纪的动植物由细菌等分解出沼气和碘。

千叶县碘储藏量约 400 万吨，占世界的 2/3，按现在每年消耗量，可用 700 年左右，对资源匮乏的日本来说，这是少有的储藏量丰富的矿产。我们坚信能够用碘开发出具有世界独创性的科研成果。

无机抗菌剂与有机抗菌剂相比，杀菌力不高，但具有持久性以及优异的耐热性和耐候性。

无机抗菌剂的抗菌机制分为两种：①由光催化剂反应形成自由基杀菌；②将具有杀菌效果的药剂用无机基材固定，在生物环境下使这个药剂微量放出。①类型基于二氧化钛开发研究而成，②类型以银系抗菌剂为主，更换不同基材形成多种组合开发研制而成。

上述类型②由于可以适用不同基材，所以可以对抗菌力、抗菌寿命、耐候性、耐热性等进行设计，同时也可改变抗菌剂的特性和使用用途。但是，必须指出的问题是类型②大多作为短期使用，其中的银会因被氯化而抗菌性降低，抗霉菌性能减弱。

基于此，我们成功开发了杀菌力强的碘化物液体杀菌剂和医用抗菌剂，方法是保持碘化物形态 I_2 或者 I_3状态不变，用特定方法对铝阳极氧化膜的微孔进行电化学沉积碘化物。图 8-4 所示是陶瓷系抗菌剂的特定制备方法。①物理吸附方法；②化学结合方法；③用有机化合物和高分子材料进行表面处理，在陶瓷表面进行药剂固定的手法；④对陶瓷结晶结构内用扩展或离子交换进行固定的方法。铝阳极氧化膜是陶瓷基板的一种，铝基材具备重量轻、易加工、耐腐蚀及极高的可再生利用性的优势，使用广泛程度仅次于钢材。

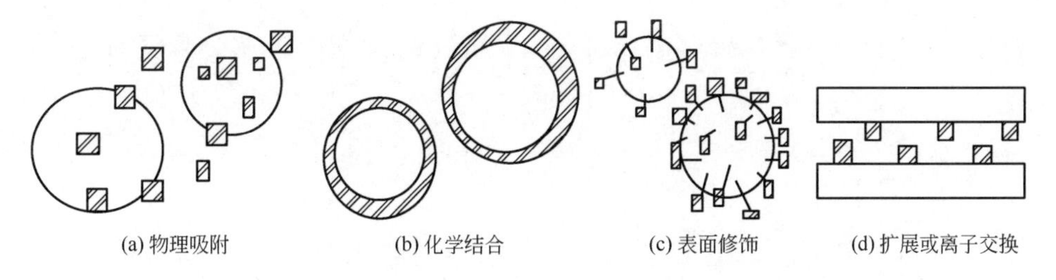

图 8-4　特定状态下不同的陶瓷系抗菌剂

8.5 碘化物浸渍阳极氧化膜的制作[1, 6]

用 A1100 铝材生成 30μm 厚硫酸氧化膜，在第 7 章图 7-6 所示的 PVPI（1000×10^{-6}）的水溶液中，将具有阳极氧化膜的铝材当作阳极，用 150V 恒定电压进行 3min 电沉积，氧化膜微孔沉积碘化物。随后用乙醇清洗 3min 后于 100℃干燥，完成抗菌试验材料的制作。氧化膜外观颜色随浸入碘含量的增加呈现黄色、浅黄红色（茶色）、深黄红色。这是碘特有的颜色，我们认为此时碘的形态是 I_2 或者 I_3^-。

8.6 碘化物浸渍阳极氧化膜的评价

将上述制作成功的阳极氧化膜横截面用 X 射线微分析仪（XMA）分析 Al、S、O、I 各元素，得出的结果如图 8-5 所示。图 8-6 是这个氧化膜的 FT-IR 漫反射光谱。从图中可以观察到，浸入碘化物的阳极氧化膜的光谱和原材料中 PVPI 的光谱重叠，由此判断 PVPI 被固定下来了。

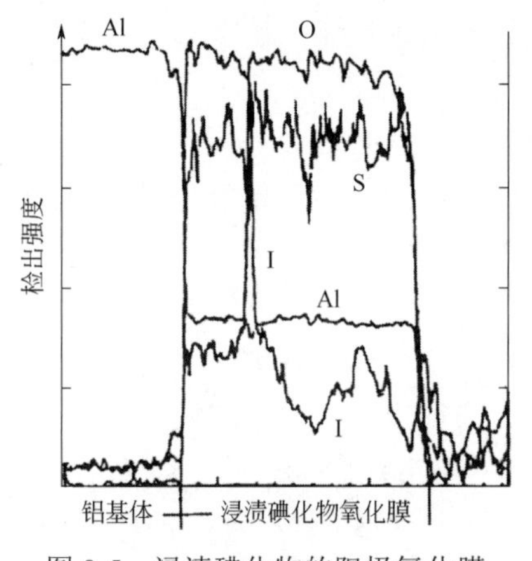

图 8-5 浸渍碘化物的阳极氧化膜横截面的元素分析

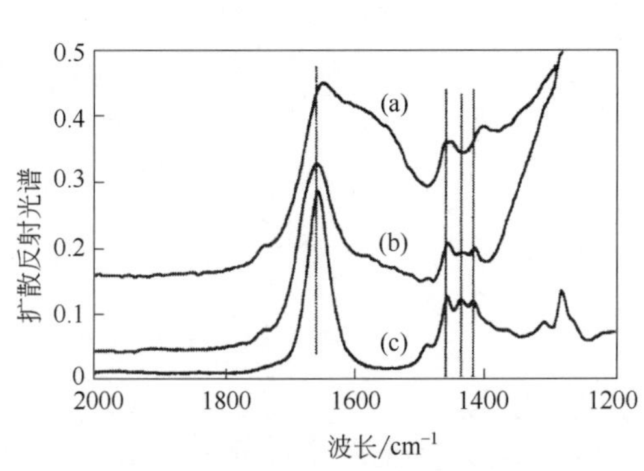

图 8-6 浸渍碘化物的阳极氧化膜的 FT-IR 扩散反射光谱

（a）铝阳极氧化膜；（b）浸渍 PVPI 铝阳极氧化膜；（c）PVPI

8.7 碘化物浸渍阳极氧化膜的抗菌性及抗霉菌性评价

8.7.1 抗菌试验方法

试验菌株使用大肠埃希菌作为革兰氏阴性菌，使用黄色葡萄球菌作为革兰氏阳性菌，在 37℃进行 18h 培养后用接触法、摇动法、Harrow 试验法等进行检测。

8.7.2 接触法抗菌性评价结果

对抗菌材料的评价的试验结果如表 8-2 所示。试验后两种菌的生菌数均在 10 以下，证明其有良好的抗菌性。图 8-7 所示是接触法试验后，用平板稀释法求大肠埃希菌的生菌数，计算生菌率，调查一段时间后氧化膜抗菌性的变化情况。大肠埃希菌初始菌数浓度是 1.0×10^5CFU/cm^3。从这个试验结果来看，氧化膜与大肠埃希菌接触后，15min 左右大肠埃希菌的初始菌数的 99% 被杀死，由此可以看出碘杀菌时间非常短。

表 8-2 接触法浸渍碘化物氧化膜的抗菌性

菌种	菌数浓度/（CFU/cm^3）	
	控制后	试验用材料
大肠埃希菌	初始浓度 4.8×10^5	初始浓度 4.8×10^5
	24h 后浓度 1.2×10^6	24h 后浓度 < 10
黄色葡萄球菌（IFOI2732）	初始浓度 4.0×10^6	初始浓度 4.0×10^5
	24h 后浓度 1.6×10^6	24h 后浓度 < 10

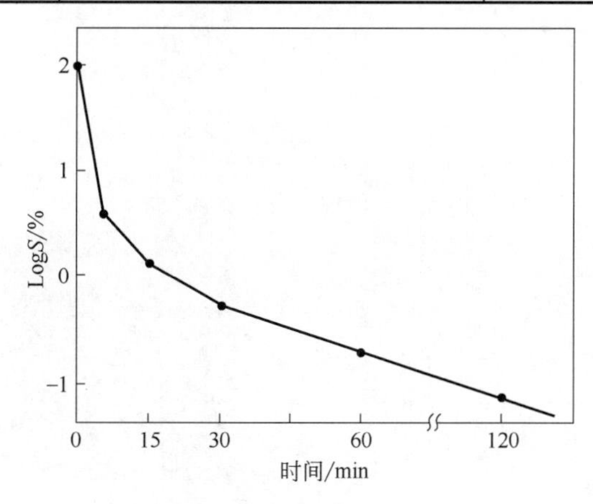

图 8-7 接触法与大肠埃希菌的接触时间和生菌率的关系

8.7.3 摇动法抗菌性评价结果

表 8-3 所示是调查一定表面积的氧化膜的杀菌能力。大肠埃希菌能杀灭 10^7 个/cm^3，黄色葡萄球菌可以杀灭 10^6 个/cm^3，显示有很强杀菌力。据推测，

碘对大肠埃希菌（革兰氏阴性菌）的抗菌效果比黄色葡萄球菌（革兰氏阳性菌）要好一些。

表 8-3　摇动法浸渍碘化物阳极氧化膜的抗菌性

菌种	菌数浓度/（CFU/cm^3）					
	1.0×10^8	1.0×10^7	1.0×10^6	1.0×10^5	1.0×10^4	1.0×10^3
大肠埃希菌	有菌	无菌	无菌	无菌	无菌	无菌
黄色葡萄球菌	有菌	有菌	无菌	无菌	无菌	无菌

注：菌液 $10cm^3$、25℃、1h。

8.7.4　Harrow 试验法抗菌性评价结果

图 8-8 所示是用大肠埃希菌进行 Harrow 试验的结果。在试验材料周围，形成了大量消灭大肠埃希菌的菌发育阻止带。可以推断从阳极氧化膜微细孔析出的碘分子 I_2 杀死了大肠埃希菌。

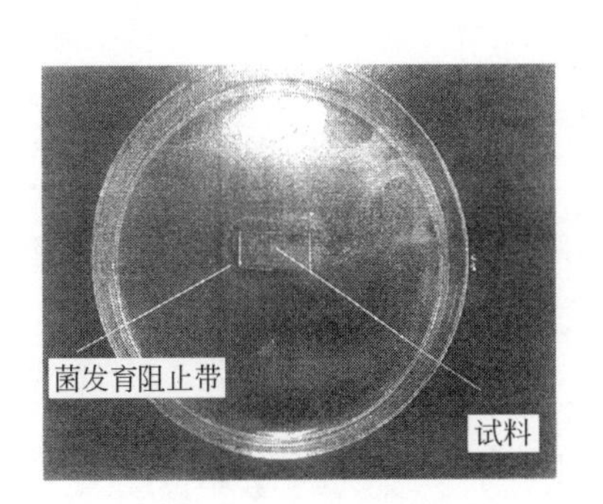

图 8-8　用大肠埃希菌进行的试验结果

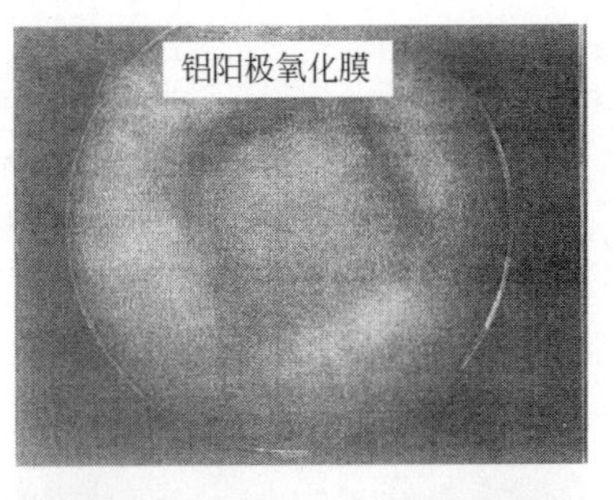

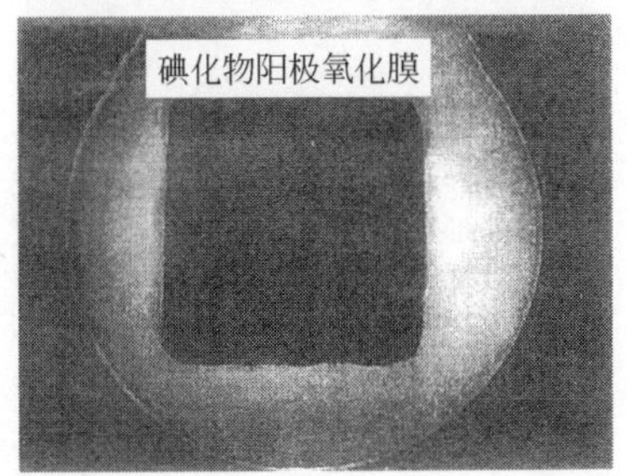

图 8-9　抗霉菌试验（培养 28 天后）

8.7.5　抗霉菌性试验评价结果

本试验用 5 种试验菌株，按 JIS 标准要求进行评价。图 8-9 是培养霉菌

28 天后的试验材料的外观照片。没有沉积碘化物的阳极氧化膜试验材料菌丝全面发育。沉积碘化物的阳极氧化膜试验材料菌丝没有发育。因此，我们认为沉积碘化物阳极氧化膜抗霉菌性能极高。

8.8 总结

我们选择碘化物作为功能性材料，对铝阳极氧化膜基材的微孔进行电化学沉积，开发出具有独创性的技术和产品，试验结果揭示：碘化物沉积后的铝阳极氧化膜，具备了很高的抗菌性和优秀的抗霉菌性。成功实现了抗菌阳极氧化膜的技术开发和商业化应用。

我们正在各领域继续进行抗菌/抗霉菌性的评价试验，最终探索出最适合的应用方向。

参考文献

[1] 橋本和明、戸田善朝、高谷松文：Jounal of the Society of Inorganic Materials, Japan 11,125-133 (2004)
[2] 堀越弘毅、秋葉輝彦：絵とき 微生物学入門、オーム社 (1987)、p31-33
[3] (社)日本消費生活アドバイザー・コンサルタント協会資料
[4] ㈲クリーンアート　技術解説書
[5] 千葉県商工労働部工業課、千葉県天然ガス開発利用図 (1999)
[6] 高谷松文：機械の研究、第 56 巻 第 2 号 (2004)、p.260-266

第 9 章

A 公司相关功能性阳极氧化开发实例

高谷松文　前岛正受　猿渡光一

9.1　概要

阳极氧化膜按功能化进行分类，具体如表 9-1 所示[1]。从 1924 年诞生电绝缘和防腐蚀功能性阳极氧化膜以来，目前已经有非常多的功能性阳极氧化膜。各种新功能的出现都伴有使用设计的提升，自然也会有一些被淘汰，只有生存能力强的被保留下来。为了不失去市场，赋予阳极氧化膜新的功能是我们持续不懈努力的方向。

A 公司从原有事业撤退，与我们一起投入力量开发功能性阳极氧化膜，本章就此进行探讨。

表 9-1　阳极氧化膜功能性用途

功能特性	用途	
介电特性	电解电容器、Al-Ti 烧结电容器、复印机硒鼓	
绝缘特性	阳极氧化膜电线、阳极氧化膜复印机配线盘、管理支架基材、光能电池基材、阳极氧化法（LSI）、CCD 多层电极	
电子传导特性	（极薄氧化膜）隧道元件、负电阻元件	
磁性特性	阳极氧化膜磁性基板、磁性阳极氧化膜	
光学特性	颜色	电解着色——光能吸热面板
		宝石阳极——氧化膜、红宝石氧化膜

续表

<table>
<tr><th>功能特性</th><th colspan="2">用　　途</th></tr>
<tr><td rowspan="5">光学特性</td><td rowspan="2">颜色</td><td>感光性阳极氧化膜</td></tr>
<tr><td>电致变色显示元件</td></tr>
<tr><td colspan="2">无色透明——激光传播透明氧化膜、光学开关元件</td></tr>
<tr><td colspan="2">发光——电致发光元件、荧光阳极氧化膜、磷光阳极氧化膜、等离子发光元件</td></tr>
<tr><td colspan="2">反射——镜面、ECD 遮光膜</td></tr>
<tr><td>分离特性</td><td colspan="2">气体分离膜、溶解分离膜、同位体分离膜、超级微网格</td></tr>
<tr><td>吸湿特性</td><td colspan="2">湿度感应器、热交换器、PS 平版印刷</td></tr>
<tr><td>机械特性</td><td colspan="2">硬质阳极氧化膜、润滑阳极氧化膜、扬声器振动板</td></tr>
<tr><td>其他特性</td><td colspan="2">加工尺寸调节功能、抗菌阳极氧化膜、远红外线放射</td></tr>
</table>

9.2 A 公司开发体制

A 公司主业是生产制造电线，与铝阳极氧化产生渊源，是由于当时聘请了理化学研究所的工学博士石禾和夫先生，指导他们将铝合金耐热磁铁线圈进行商业化。公司倾注全力，用电流密度数十安每平方分米的高密度电流，成功完成对 1 卷重 2t 的材料进行连续阳极氧化处理，鼎盛时每月产量达到 50t。随后石禾先生加入 A 公司，担任研究所所长并指导整个研发团队，与我们一起成功开发了多项功能性阳极氧化产品。

A 公司主业是制造电线，所以铝合金电线的生产销售非常顺利。在全国各地有很多分公司、销售部门和贸易公司，加上合作单位数量相当可观，产品需求和信息非常丰富，所以对铝合金电线，功能性阳极氧化产品开发有得天独厚的优势。当然开发团队也是实力强劲，在金属材料、工业化学、应用物理和电气等领域拥有多位年轻有为的专业人才。我们从实验室试验到小型化规模试验，历经无数次试验-失败-试验，经常带着试验产品，与销售人员一起拜访客户并听取意见。图 9-1 所示为用手工装置进行开发的场景。如果客户对开发的样品品质认可，石禾先生会立即联系一起合作的功能化处理的外协工厂，当时外协工厂多由石禾先生介绍，主要在关东、中部、关西等地，给予了 A 公司巨大帮助。当时音响设备用超细铝合金电线需求量最大，我们在研究所内紧急组建了样品生产线，研究人员不分昼夜，连续加班加点工作，积累了丰富的科研成果。

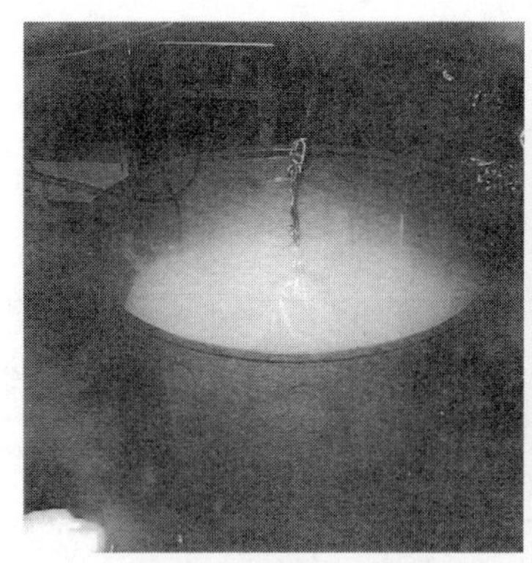

(a) 用干冰冷却电解槽

(b) 制作完成品

图 9-1　用 AC4C 材料制作厚 30μm 润滑阳极氧化膜状况

对汽车零部件用功能性阳极氧化产品的科研攻关，难度大且要求高。汽车零部件的数量庞大，品质管理要求严格，交货期和价格条件苛刻，公司内部销售、设计、品质管理、分公司等各部门经常开会研讨对策。当时汽车行业节能和轻量化的发展势头强劲，汽车发动机系统里的阀体材料正在由铸件向压铸件 ADC12 转换中。A 公司在这次表面处理上使用二硫化钼浸渍润滑阳极氧化膜；B 汽车厂家发动机设计部门宫村纪行先生，果断决定采用此种发动机阀体；共同开发攻关团队中担任制造任务的 C 公司浜松先生拿出了"不克难关，绝不收兵"的精神，最终在各公司通力合作下取得量产商业化的成功。以汽车为主的全部机械零部件，其表面处理方法及商标等公司原创性相关技术和内容，在设计图纸和零部件图纸时要求明确记载，无关方不得侵权使用。所记载图纸转让给其他国家使用时也同样适用。现在与 B 公司关系密切的韩国 D 公司，每个月采购 10 万个气门摇臂润滑阳极氧化产品。

这次润滑阳极氧化的开发、商业化应用中，三田郁夫先生、马场宜良先生、福岛敏郎先生、星野重夫先生等很多科研技术人员鼎力合作，在相关外协公司的专业人员以及用户公司的开发、检查，负责技术人员的全力配合下取得重要突破，在此一并致谢。

近来，铝合金细线性能要求中相关的中子吸收研究很火热。因为铝及阳极氧化膜的热中子吸收能力小，对中子进行研究不可或缺。基于此，广岛 E 公司在其工厂内投资建设了阳极氧化细线处理生产线。对此，我们积极协调共同推进与细线相关的阳极氧化处理技术的科学研究。此项研究对提高品质至关重要，如今轻量化趋势加剧，攻关力量必须加大投入。阳极氧化细线在汽车零部件和机械部件或与之对应的控制系统，感应器相关联的电磁铁线圈，音响设备用耐热线圈中的使用前景非常值得期待，是我们要突破的重要方向。

我们利用阳极氧化技术进行产品开发时，在商业化推进方面做了非常多的尝试，超过半数的商品也就短短几年时间就从市场上消失了。原因很多，比如技术不成熟、功能性达不到要求、设计上不合理、成本高、订单少导致材料采购困难、公司经营方针改变等。特别是有的公司开发的产品与其主业产品差异大，又不是热卖品，其生存下去是超级困难的。

9.3 A公司开发功能性阳极氧化实例[2-4]

在表 9-1 中功能性用途中，有 A 公司商业化的以绝缘特点为目的的阳极氧化铝电线，以机械特性为目的的硬质阳极氧化、润滑阳极氧化、节拍器振动板，其他应用方面的如远红外放射阳极氧化、抗菌阳极氧化、非吸附性阳极氧化等。除了阳极氧化铝电线、硬质阳极氧化和红外放射阳极氧化以外，大多是对多孔性阳极氧化膜的微孔填充功能性物质，红外放射阳极氧化则使用了特殊合金上的自然生色氧化膜。

9.3.1 阳极氧化膜多孔层填充功能性物质

在钼硫化物溶液进行阳极二次电解中，从阳极氧化的微孔底填充润滑物质。

汽车发动机用阀体是具有代表性的用途，重要的处理手段是进行润滑耐磨性处理，多年来广受好评并得到大量应用。图 9-2 所示的是进行润滑阳极氧化处理的阀门。图 9-3 和图 9-4 是润滑阳极氧化的其他使用案例，图 9-3 所示是涡轮真空泵轴承外壳的使用效果。由于有抑制裂纹产生和润滑的效果，所以可防止超高速旋转时发生微动磨耗。图 9-4 是电线的接线端子，作为 UPS 电源用电线连接器的内部滑动零部件，它的绝缘性和润滑耐磨耗性要求很高。

图 9-2 经润滑阳极氧化处理后的发动机用阀门

图 9-3 经润滑阳极氧化处理后的涡轮型真空泵

除润滑性以外，其他功能性物质列举了 1～2 例。图 9-5 是对阳极氧化膜的微孔填充铁的化合物的扬声器振动板，这个振动板由制动层、强化层和铝基板 3 层结构组成。这种结构提高了声音的传播速度和增大了制振效果以及减少了铝基板的内部声损，基于此点形成了平缓的频率特性，同时中音区域失真小，得到了有速度感的还原性音响效果。

图 9-4 经润滑阳极氧化处理后的接线端子

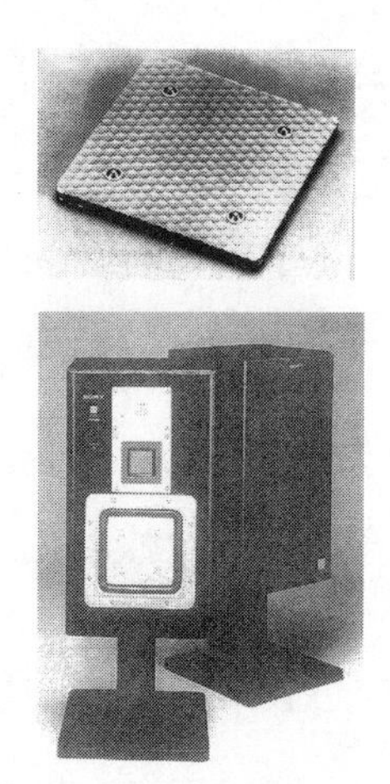

图 9-5 由制振阳极氧化膜制作音响振动板及音响

其他功能性物质有填充聚四氟乙烯（PTFE）等氟类的物质，具有使氧化钚粉末不附着在阳极氧化膜罐体表面的非黏性功能。还有使阳极氧化膜微孔填充聚合有机金属化合物，使氧化膜的电绝缘性和耐腐性能进一步得到提升。当然也有例外，用这种手法改变了电气特性，比如对复印机的电容硒鼓的开发利用。虽然与相关复印机厂家共同努力，但最终在价格上败给了外国产品。

图 9-6 所示是利用表面电位计测定复印机用电容硒鼓带电器的带电状况、带电稳定性以及衰减率变化。

(a) 预处理过的各种硒鼓

(b) 硒鼓介电特性测定中

图 9-6 复印机用硒鼓的开发状况

9.3.2 氧化膜结构不均匀性的利用

我们在 *Altobia* 杂志 2006 年 5 月号特集发表的《应对环境型表面技术》和《远红外放射阳极氧化》论文里，认为即便在粗糙化后的纯铝基板表面，制作数十微米厚的多孔氧化膜，也可得到可观的远红外放射率，但经温度 200℃左右加热时氧化膜明显产生裂纹，远红外放射率明显降低，因此，高温侧不能得到良好的远红外加热效果。在此与铝板材制造厂家 F 公司共同使用该工厂 Al-Mn 系合金，在硫酸氧化时 Al_6Mn 微细金属化合物未能溶解而残留，该化合物对氧化膜极密分散的多孔层构造造成混乱，这种不均匀氧化膜在开发远红外线放射氧化膜时得以应用，并成功商业化。这个氧化膜的厚度即便在数十微米，也可从灰色到黑色自然生色，即便在 400℃高温下加热，表面也不产生高温加热裂纹，显示其具有稳定性的特征。图 9-7 所示是这个氧化膜和其原有氧化膜以及没有进行处理的铝板 3 种情况下的红外放射率。图 9-8 所示是使用了远红外阳极氧化膜后的电饭锅内胆和暖脚器。

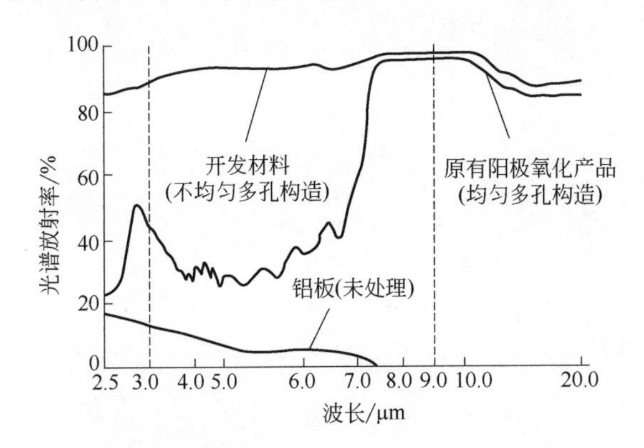

图 9-7 250℃时远红外光谱放射率

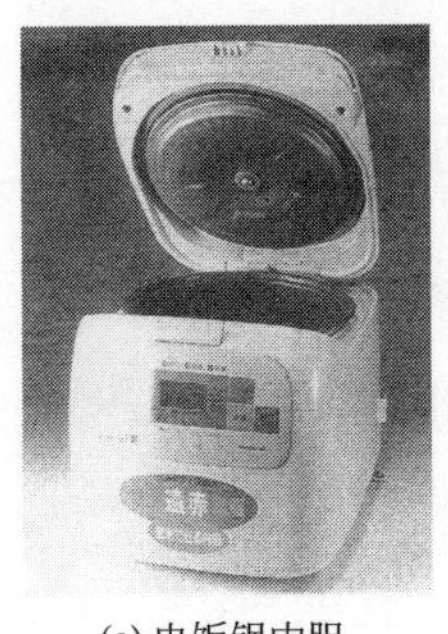

(a) 电饭锅内胆

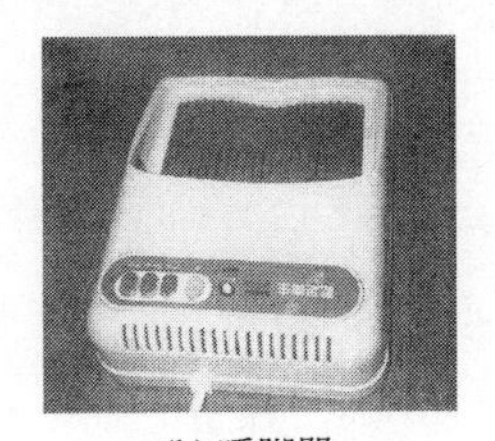
(b) 暖脚器

图 9-8 远红外放射阳极氧化膜

9.4 总结

以上对A公司在功能性阳极氧化中的开发业绩进行了叙述，其中有对我们日常生活贡献较大以及销售量大的产品；也有适应产业界的发展需求，从发现新材料角度出发，必须面对的现实问题。在此，我们对铝优异的特性和阳极氧化膜的特性进行深入探究，将这些特性叠加并充分利用，对功能化发展或多或少会有促进，一段时间消失的阳极氧化需求或许会再有市场，或者新的需求会产生新的市场。我们对此充满期待。

如上所述，我们在功能性研究和相关开发探索中有如下经验教训。

功能性阳极氧化膜的开发、商业化关键点：

① 铝基板的优点是否充分利用？

② 阳极氧化的优点是否充分利用？

③ 商品价格高的话卖得出去吗？

④ 存在产量高且有用途的产品吗？

⑤ 有稳定的制造工艺流程吗？

⑥ 品质管理可控制吗？

⑦ 开发流程有条理清晰的说明吗？

⑧ 使用的工艺和药剂符合环保要求吗？

⑨ 是唯一的技术开发吗？

⑩ 技术诀窍和专利能长期维持下去吗？

⑪ 市场上存在商机吗？

⑫ 对以前的文献和技术论文或者专利进行充分调查了吗？

⑬ 接受公共试验机构和大学、民间的顾问咨询合作了吗？

⑭ 与基材厂家和材料厂家保持良好关系了吗？

⑮ 从试验阶段开始充分考虑成本了吗？

⑯ 从基础开始进行开发，还是从需求开始开发？

⑰ 功能性就不用说了。对商品外观、设计和色调也要非常重视。

参考文献

[1] アルミニウム表面処理ノート第6版、軽金属製品協会試験研究センター、p.89

[2] 前嶋正受、猿渡光一、平田昌範、石塚豊昭、松本秀一：フジクラ技報第87号、1994年10月、p.127

[3] M.Maejima, K.Saruwatari, M.Hirata, T.Ishizuka, H.Matsumoto, H.Ito, T.Takahara：Fujikura Technical Review, No.27 (1998), p.82

[4] 前嶋正受、猿渡光一：アルトピア、2006年5月号、カロス出版、p20

第10章

铝合铸件的阳极氧化处理

高谷松文　前岛正受　猿渡光一

10.1 概要

铝合金铸造产品每年产量约 40 万吨，其中 92%是汽车零部件。在汽车零部件中，根据铸造性、强度、焊接性、韧性、耐腐蚀性、耐磨耗性和热膨胀系数等对铝合金铸造产品进行分类。比如汽缸盖主要用 AC2A/2B，发动机零部件主要用 AC4A/4B，液压零部件是 AC4C，汽车用活塞是 AC8A/8B[1]。汽车零部件以外的铝合金铸造产品使用量很少。在 2005 年上半年的统计当中，精密机械零部件 6000t，产业机械零部件 5500t，工程车辆用 3000t。其他，在医疗器械、照明机器、电子机械、冶金工具和农业机械零部件等领域也有使用。

对这类用途零部件进行阳极氧化处理的目的主要是提高机械强度、增强耐腐蚀性、防止污染、提高绝缘性、控制散热性和赋予着色性等，对轧制材料和挤压材料进行阳极氧化处理的目的也相同。

在第 6 章“铝合金材料和硫酸阳极氧化膜”当中，介绍了部分铝合金铸造产品的表面处理适应性和阳极氧化膜的截面硬度、基材硬度和阳极氧化膜的生成状态，本文将对 AC2A、AC4A、AC4B、AC4C、AC5A 和 AC7A 共 6 种合金铸造产品，就铸造体有无切削的情况，测量在低温（0℃）和常温（25℃）时的硫酸氧化膜的生成状况和表面硬度等。我们对铝合金铸造产品阳极氧化膜的生成进行实验并深入探讨，实验结果将填补此领域的空白。

10.2 实验

10.2.1 试验用材料

在 JIS H 5202（1992）里记载有如下 6 种铝合金铸造产品相关砂型铸造方法的制作及试验用材料。

①AC2A（铝铜硅系）；②AC4A（铝硅镁铁系）；③AC4B（含铜的铝硅镁铁系）；④AC4C（365 系）；⑤AC5A（Y 合金系）；⑥AC7A（铝镁系）。

10.2.2 调整试验材料

在实际应用中，铸造产品有时直接使用，有时对表面切削后使用平滑的一面，本试验中将使用试验铸造产品的原本铸造状态（厚度 5mm、高 50mm、宽 50mm）和对背面切削 1mm 后的切削材料（厚度 3mm、高 30mm、宽 30mm）两种材料，在同等条件下进行阳极氧化处理，观察两种材料的特性。但是由于某种原因 AC5A 材料未能进行拍照。只有对铸造产品原本铸造状态的试验材料进行了拍照。

10.2.3 预处理和阳极氧化条件

（1）预处理

工艺流程如下：

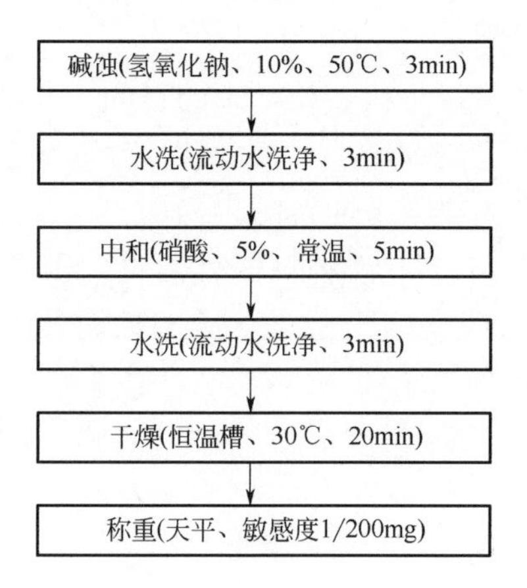

（2）阳极氧化处理

工艺流程如下：

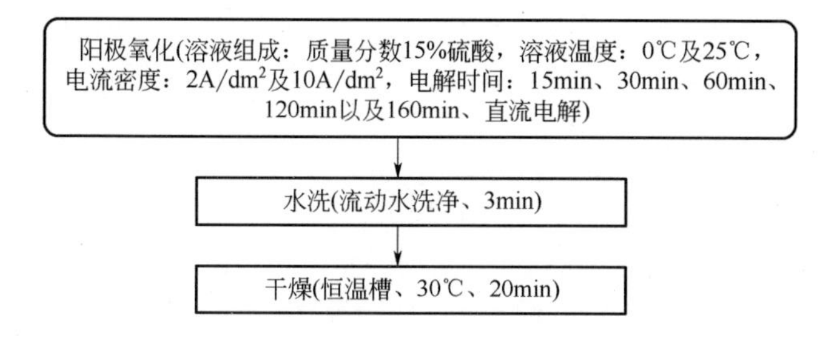

10.2.4 试验项目

按以下顺序进行试验。

① 氧化膜生成率 C.R：对铸造产品体表切削材料进行试验。

② 氧化膜厚度：截面拍照方法及曲率透视镜法。

③ 氧化膜硬度：维氏显微硬度。

④ 电压曲线。

⑤ 电解条件和外观的关系。

10.3 结果

10.3.1 氧化膜生成率

氧化膜剥离液使用磷酸/铬酸混合溶液。事先就此剥离液对各合金基材自身溶解性进行确认过程中，除了发现 AC5A（Y 合金系）产生若干溶解外，没有发现其他合金有溶解现象。图 10-1 所示是电解条件和生成效率的关系图。

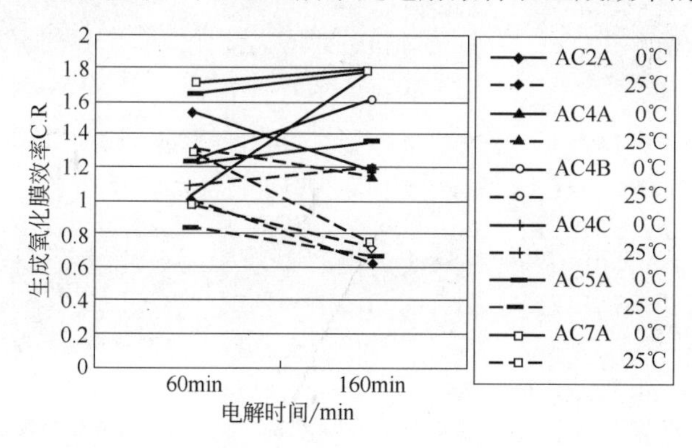

图 10-1 用电流密度 2A/dm² 直流电解时，氧化膜生成效率和溶液温度的关系

对生成效率来讲，电流密度的影响较小，溶液温度的影响较大。低温电解时 AC7A 最高，以下按照 AC4C、AC4A、AC2A、AC5A、AC4B 的顺序递减。常温电解的顺序是 AC4A、AC7A、AC4C、AC2A、AC5A、AC4B。

10.3.2 氧化膜厚度

图 10-2 是 AC2A（铝铜硅系）材料的铸件表面和铸件有无切削状况下，在溶液温度 0℃时用电流密度 10A/dm^2 对无切削面进行 15min 氧化，和对有切削面进行 45 min 氧化后生成的氧化膜横截面图。图 10-3 所示是 AC4A（铝硅镁铁系）同样条件下，铸件表面和无切削表面进行 15min 氧化，有切削表面进行 35min 氧化后的氧化膜横截面图。图 10-4 所示是 AC4B（含铜的铝硅镁铁系）铸件表面和无切削面表面进行 15min 氧化、有切削表面进行 45min 氧化的氧化膜横截面图，图 10-5 所示是 AC4C（356 系）铸件表面和无切削表面进行 25min 氧化、有切削表面进行 30min 氧化的氧化膜横截面图，图 10-6 所示是 AC5A（Y 合金系）铸件表面和无切削表面进行 40min 氧化的氧化膜横截面图，图 10-7 所示是 AC7A（铝镁系）铸件表面、无切削面氧化膜（进行 30min 氧化）、有切削面氧化膜（进行 30min 氧化）的各氧化膜生成状况。上述照片均为放大 160 倍。

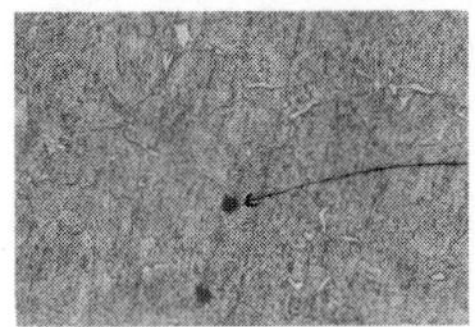
(a) 铸造基材表面

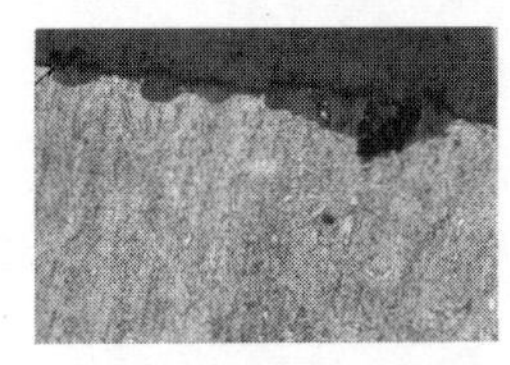
(b) 未切削的阳极氧化膜表面

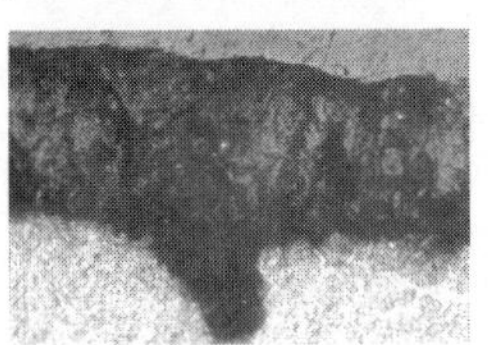
(c) 切削的阳极氧化膜表面

图 10-2　AC2A 合金的表面和阳极氧化膜截面（160 倍）

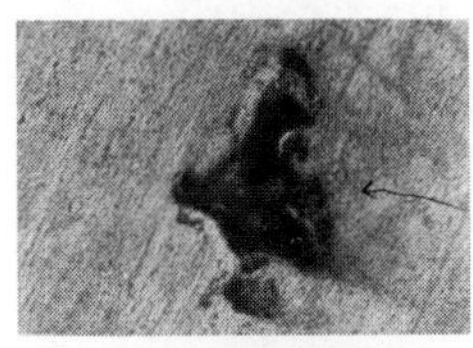
(a) 铸造基材表面

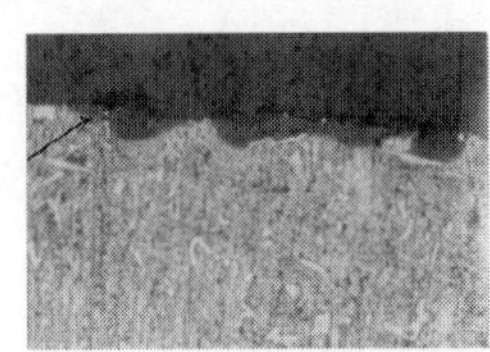
(b) 未切削的阳极氧化膜表面

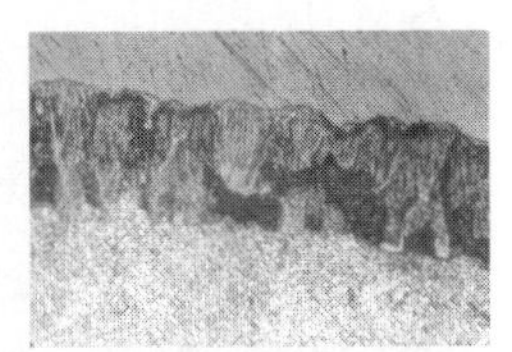
(c) 切削的阳极氧化膜表面

图 10-3　AC4A 合金的表面和阳极氧化膜截面（160 倍）

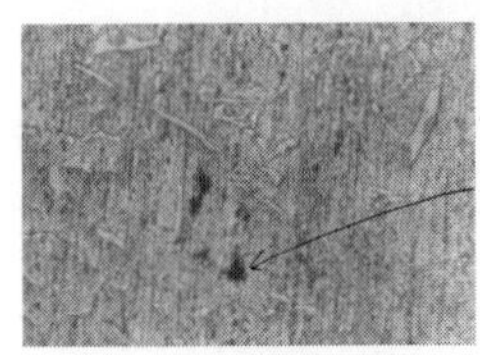
(a) 铸造基材表面

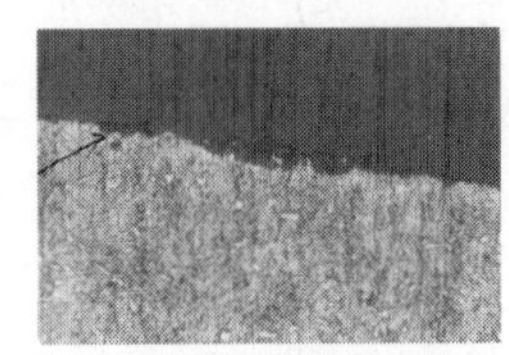
(b) 未切削的阳极氧化膜表面

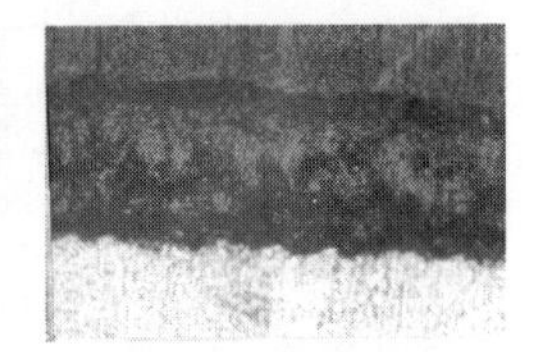
(c) 切削的阳极氧化膜表面

图 10-4　AC4B 合金的表面和阳极氧化膜截面（160 倍）

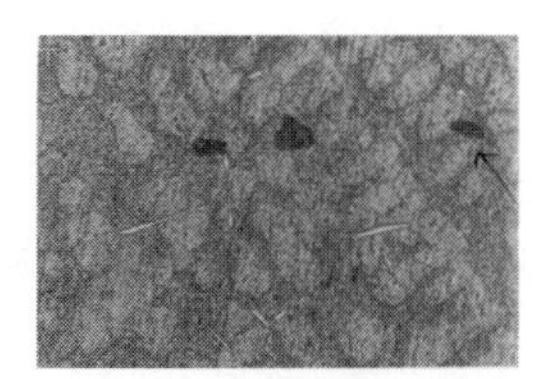

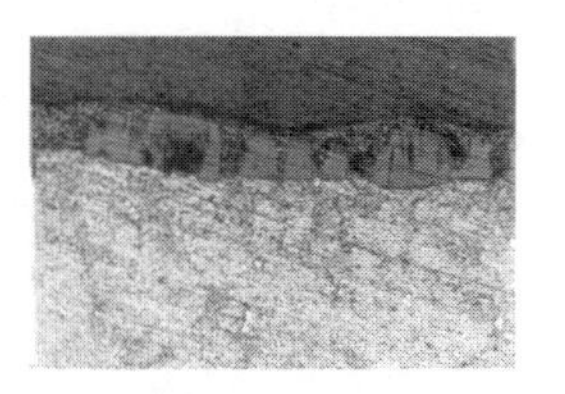

(a) 铸造基材表面　(b) 未切削的阳极氧化膜表面　(c) 切削的阳极氧化膜表面

图 10-5　AC4C 合金的表面和阳极氧化膜截面（160 倍）

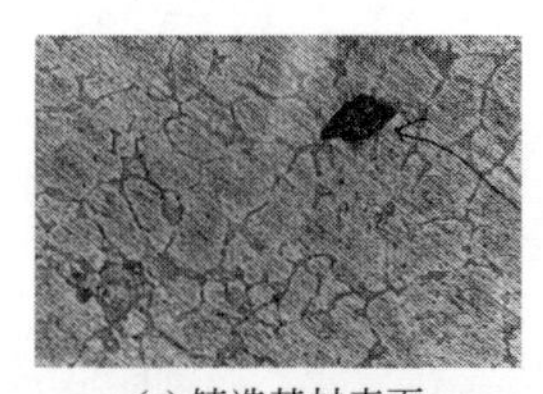

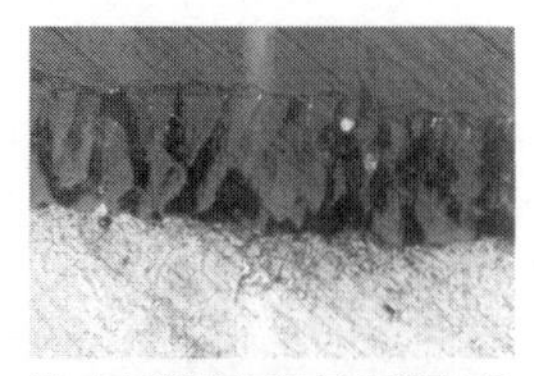

(a) 铸造基材表面　(b) 未切削的阳极氧化膜表面

图 10-6　AC5A 合金的表面和阳极氧化膜截面（160 倍）

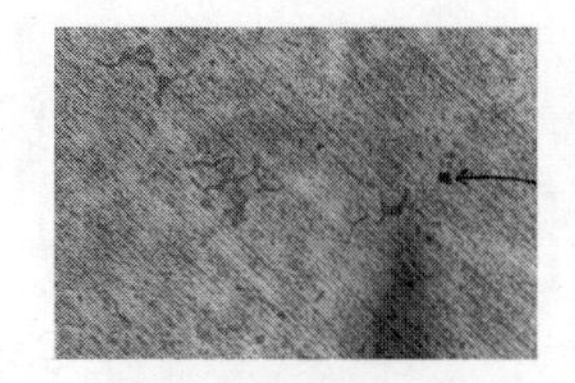

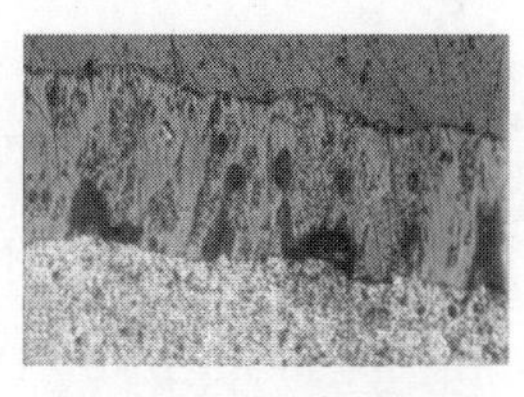

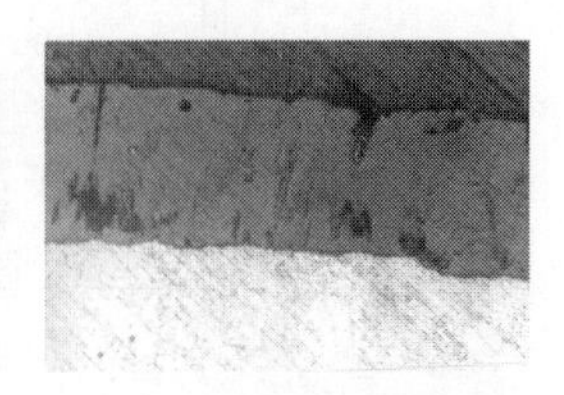

(a) 铸造基材表面　(b) 未切削的阳极氧化膜表面　(c) 表面切削后的阳极氧化膜

图 10-7　AC7A 合金的表面和阳极氧化膜截面（160 倍）

图 10-8 所示为由上述实验条件（溶液温度 0℃，电流密度 10A/dm^2）所得出的实际生成氧化膜的最大厚度以及其生成时间的关系。

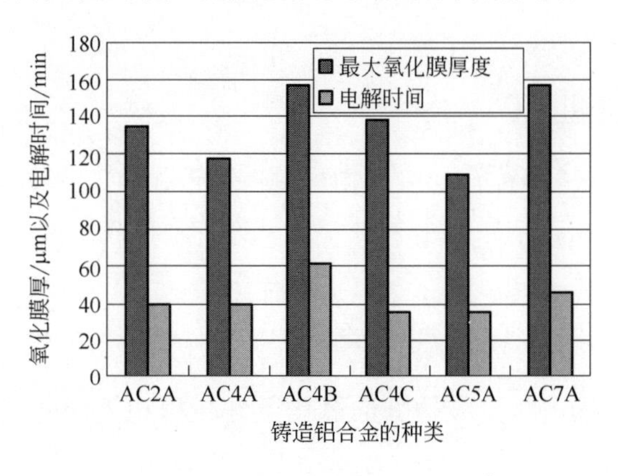

图 10-8　用溶液温度 0℃时电流密度 10A/dm^2 进行电解后的氧化膜最大厚度与电解时间的关系

10.3.3 氧化膜硬度

图 10-9 所示为在溶液温度 0℃及 25℃，电流密度 2A/dm^2 以及 10A/dm^2 时进行氧化后的氧化膜维氏显微硬度试验结果。结果显示，与氧化膜生成效率一样，也是槽液温度的影响大。此类合金铸造物当中的 AC7A（铝镁系）材料，其氧化膜可形成均匀的硬度。

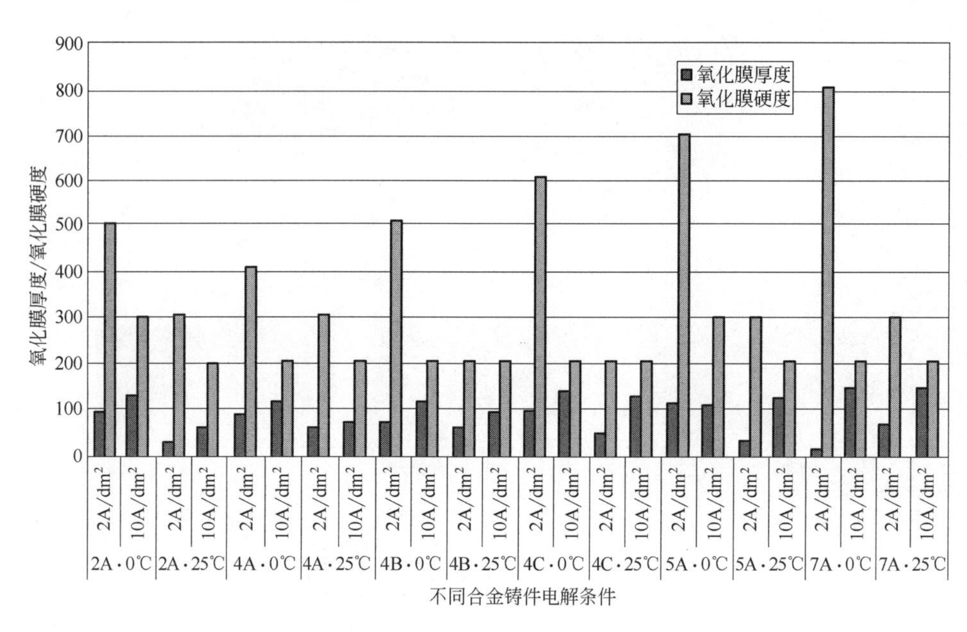

图 10-9　各种铸造铝合金的电解液温度和电流密度产生最大氧化膜厚度和维氏硬度关系

10.3.4 电压曲线

图 10-10 所示是各种合金铸造物材料在溶液温度 0℃、电流密度 10A/dm^2 时的电压-时间曲线。结果显示各种合金铸件的氧化电压是上升的。

10.3.5 氧化条件和外观的关系

表 10-1 所示为各种合金铸件的氧化条件与精加工后外观的关系。其中，用○表示良好、△表示表面轻微粉化、×表示粉化的 3 个阶段来进行等级划分。另外，AC5A 的数据省略。

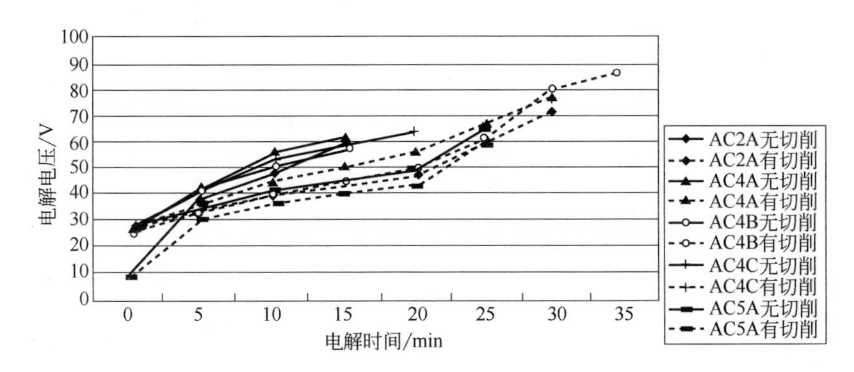

图 10-10　在溶液温度 0℃、电流密度 10A/dm^2 下进行电解时的电压-时间曲线

表 10-1　电解条件和氧化膜精加工后外观

合金	电流密度/（A/dm^2）	电解液温度/℃	表面有无切削	电解时间/min				
				15	30	60	120	160
AC2A	2	0	无					○
			有			○		○
		25	有			○		×
	10	0	无	○				
			有		○	○		
		25	有			△	×	
AC4A	2	0	无				○	
			有			○		○
		25	有			○		○
	10	0	无	○				
			有	○		○		
		25	有		○	○		
AC4B	2	0	无				○	
			有			○		○
		25	有			○		△
	10	0	无	○	△			
			有		○	△		
		25	有		×	×		
AC4C	2	0	无				○	
			有			○		○
		25	有			○		○

续表

合金	电流密度/（A/dm^2）	电解液温度/℃	表面有无切削	电解时间/min				
				15	30	60	120	160
AC4C	10	0	无		○			
			有	○	○			
		25	有		△	×		
AC7A	2	0	无					○
			有			○		○
		25	有			○		○
	10	0	无		○			
			有		○	○		
		25	有		○	×		

注：○：良好；△：表面轻微粉化；×：粉化。

10.4 观察

各种合金铸件视其表面有无切削，氧化时的最终电压是不同的。在溶液温度 0℃、电流密度 10A/dm^2 下进行氧化时，AC4C、AC5A 和 AC7A 的电压为 3～5V，AC4A 的电压约为 6～10V，AC2A 和 AC4B 的电压在 10V 以上，且铸件表面无切削的最终电压会更高。AC4A 和 AC4C 材料在溶液温度 0℃、电流密度 2A/dm^2 下进行氧化时，也对铸件表面有无切削进行比较，氧化 40min 以后，电压即升高 10V 左右，氧化时间被缩短了，不可能进行长时间氧化。

对 AC2A 和 AC4B 进行氧化初期其电压与 AC7A 相近，但氧化进行 60min 左右时，铸件表面有无切削的影响开始显现，产生的电压差在 10～15V。

铸件表面有无切削对 AC5A 和 AC7A 的电压影响在 3～4V。

下面讨论氧化条件与精加工后外观的关系，电流密度以及溶液温度如果变高，生成均匀氧化膜的范围变窄。槽液促进了化学溶解，易产生粉化。电流密度变低，溶液温度接近室温时，氧化膜均匀，但是氧化膜硬度要低一些。从氧化膜生色的难易程度来看，试验材料表面越光滑则颜色越浅。整体来讲铸造铝合金比变形铝合金的氧化膜颜色深。

氧化膜的厚度根据铸件表面有无切削，差异也非常大，在溶液温度 0℃、电流密度 10A/dm^2 下对铸件表面切削材料进行氧化，氧化膜厚度达到最厚时所用时间：AC2A 为 40min 135μm、AC4A 为 40min 117μm、AC4B 为 60min 158μm、AC4C 为 35min 138μm、AC5A 为 35min 108μm、AC7A 为 45min

156μm。

铸件表面有无切削，对生成氧化膜的均匀性也有较大影响。其中对 AC2A、AC4C、AC4B 和 AC4C 材料影响较大，对 AC5A、AC7A 材料影响较小。

从实验结果看，铸件表面氧化膜厚度不均匀增大，主要原因是超量硅元素的存在[2]。

一般来说铝基材的制造方法如图 10-11 所示，用质量（试验片变形延伸率）和成本（制造单价：日元/kg）来评价[3]。本实验使用的试验片是砂型铸造件，由于有空气存在，所以难以抑制大量的气孔产生，加上铸件表面状况不是很好，所以有必要对其表面进行清除。在铸造方法中除砂型铸造以外，还有熔模铸造、压铸、金属模铸造等，无论从品质上，还是成本上来说，应有更优秀的铸造方法，这是我们今后深入探索的方向。

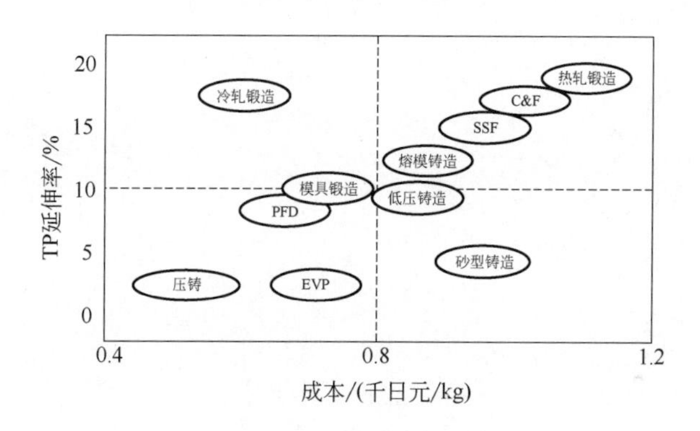

图 10-11　铝基材的制造方法[3]

在进行阳极氧化处理时，事先进行预处理是非常重要的。ACD12 压铸产品进行预处理已取得良好效果，使用振动桶作为铝合金铸件的预处理方法被认为是有效的。

10.5　总结

由于特定用途较少的缘故，在铝铸件硫酸溶液中用直流电流进行阳极氧化处理方面的试验成果，到目前为止几乎是空白。最近我们在积极推动改进合金铸造件的表面性能研究、氧化波形的研究和槽液组成的研究，我们的深度研究大幅提高了铸件阳极氧化膜的质量。

日后随着我们各项研究深度推进，机械强度和耐腐蚀性，以及高附加值功能性铝铸件的阳极氧化处理的商业化必将更为广泛，前景值得期待。对于未来，我们充满信心。

参考文献

[1] アルミニウム表面処理ノート 第6版、軽金属製品協会試験研究センター、p.31
[2] アルミニウム表面処理ノート 第6版、軽金属製品協会試験研究センター、p.36
[3] 神尾一：アルミニウムの加工方法と使い方の基礎知識、軽金属製品協会編、p.35

第 11 章

复合方法处理铝阳极氧化膜的硬质化

高谷松文　前岛正受　猿渡光一　平田昌范

11.1　概要

为了与功能性阳极氧化制造条件相匹配，形成好的阳极氧化膜，铝合金材料的选择显得尤为重要。最基本的是使用高纯度铝材料，在合适的条件下进行氧化，除此之外提升功能性还需要各种应对之策。

目前为止，有扩孔法、膜孔填充法等多种重新构造铝氧化膜多孔状结构的方法[1]已经实用化。

我们首先用热水封孔过的铝阳极氧化膜，再次生成复合氧化膜。之后进行加热和机械性变形也不易产生裂纹。经过如上处理的材料由于具有很高的远红外放射率，非常适用于远红外放射材料[2]。

由于一般阳极氧化膜的氧化膜结构是纳米级的，所以仅仅依靠硬质阳极氧化膜本身获得充分的机械特性难度极大。我们为此进行了若干研究探讨[3]。本文论述的是如何采用复合处理方法改善阳极氧化膜的硬度。正如 Sargent 所指出的那样，在提高阳极氧化膜的耐磨耗性能方面，关键是如何生成致密的氧化膜[4]。目前我们所取得的实质性进展是：在 $KMnO_4$ 水溶液中把样板作为阴极进行短时间处理，然后在硫酸溶液中进行阳极氧化。采用此方法与原来硬质氧化膜比较，获得了表面硬度高且动摩擦系数低的优质氧化膜[5]。

11.2 实验概要

11.2.1 试验用材料

使用市场销售的 A1100 板材。尺寸是 1mm×25mm×100mm。

11.2.2 预处理 $KMnO_4$ 水溶液

试验药剂为浓度 10%的 $KMnO_4$ 水溶液 1000mL，温度控制在 20℃±1℃，阳极用铂金电极，阴极为试片，在电流密度 2.5A/dm^2 下分别通电 1min、3 min、5 min 以及 10min。通电结束后用流动水清洗 10s。

11.2.3 硫酸阳极氧化

将在 11.2.2 节中清洗过的试片放入温度 5℃±1℃、浓度 22%的硫酸溶液中，电流密度 3A/dm^2，氧化膜厚度设定为 30μm，进行 30min 阳极氧化。随后进行水洗、热水洗和 70℃干燥。

11.2.4 氧化膜特性评价

（1）氧化膜结构分析

对经过预处理的 $KMnO_4$ 水溶液生成的氧化膜以及阳极氧化膜所构成的元素、结构用俄歇电子能谱分析或者电子探针显微分析进行分析。

（2）对比有无预处理的阳极氧化膜的变化

为掌握有无预处理的阳极氧化膜产生的变化，我们记录下了氧化电压-时间曲线。

（3）测试阳极氧化膜生成效率

氧化膜生成效率用氧化膜生成量和铝溶解量占比来表示，通常称为阳极氧化膜生成率（C.R）。铝的质量用 W_0 表示、阴极电解后的质量用 W_1 表示、阳极氧化后的质量用 W_2 表示、剥离阳极氧化膜后的质量用 W_3 表示，在预处理阶段没有阴极电解时：

$$C.R=(W_2-W_3)/(W_0-W_3)$$

有阴极电解时：

$$C.R=(W_2-W_3)/(W_1-W_3)$$

阳极氧化膜生成率在纯铝的情况下，其理论数值是 1.89，阳极氧化膜的结构越紧密越接近理论值。本章主要攻克的课题方向是制作结构致密的氧化膜，用以评价氧化膜的特性。

（4）测量阳极氧化膜的物理性能

用维氏显微硬度仪来测量氧化膜的硬度。测量试片质量为 25g。摩擦系数用测量仪直接测量，对直径ϕ10mm 镜面钢球施加垂直载荷 8.2N，以 50mm/min 的速度滑动，用此时的滑动力计算出摩擦系数。磨耗量使用 SUGA 式往复磨耗试验机，用旋转磨耗轮摩擦＃320 SiC 金刚砂纸，施加载荷 9.8N，计算出进行 1600 次来回摩擦时减少的磨耗量。裂纹发生状况用 600HV 测试仪，观察在载荷为 9.8N 时引发裂纹的情况。

11.3 实验结果概要

11.3.1 由 $KMnO_4$ 水溶液预处理过的氧化膜和硫酸氧化膜的定性分析

此类复合氧化膜的构成元素和结构分析结果如图 11-1 所示，是对预处理 3min 生成的氧化膜中用俄歇电子能谱仪对比激发时间和元素强度关系。经确认存在 Mn、Al 和 O，将碳元素强度用 1 作为基准表示，最表层氧存量最大、其次是 Mn，Al 的存量最低，可以推测组成了锰氧化合物。Mn 的强度在电子溅射时间 10s 时最大，因此，Mn 在氧化膜中不是均匀存在的。

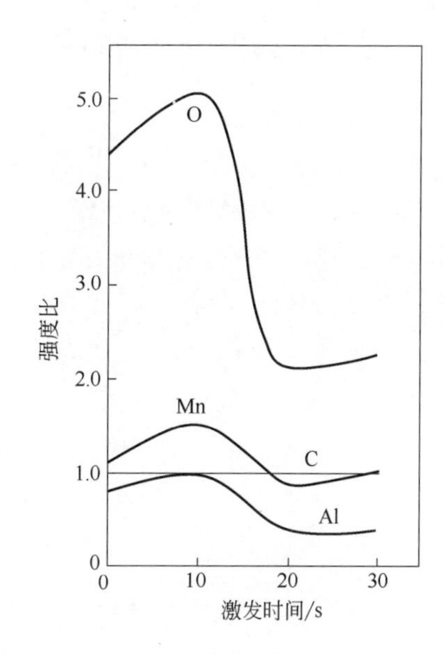

图 11-1　用俄歇电子能谱分析激发时间和元素的强度比

图 11-2 同样是用电子探针对表面定性分析的结果。Al、Mn 和 O 被确认存在。

图 11-3 所示是用图 11-2 试验材料生成 30μm 厚阳极氧化膜并对其表面用电子探针进行定性分析的结果，结果显示尽管量较小，阳极氧化膜里还是有 Mn 存在。在 $KMnO_4$ 水溶液中进行阴极电解，生成金黄色预处理膜，这是锰系化合物析出在铝基板上。由于附着力良好，所以在后续硫酸溶液中生成的阳极氧化膜中，Mn 依然存在。

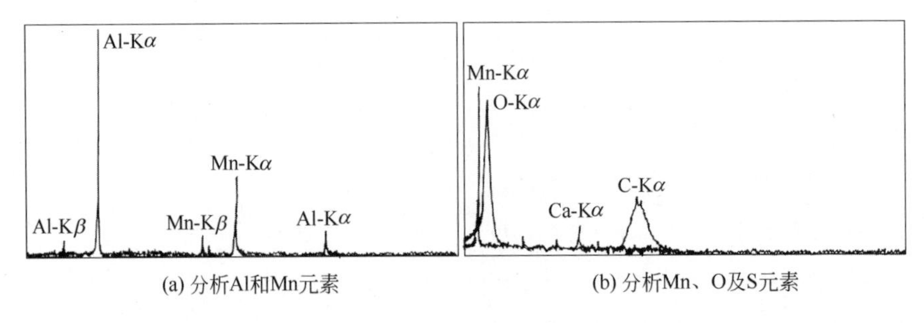

(a) 分析Al和Mn元素　　(b) 分析Mn、O及S元素

图 11-2　用电子探针定性分析阴极电解 3min 试验材料的结果

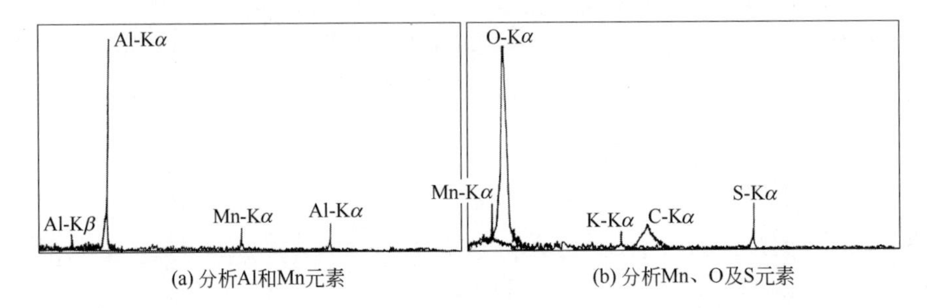

(a) 分析Al和Mn元素　　(b) 分析Mn、O及S元素

图 11-3　进行 3min 阴极电解后，用电子探针定性分析
阳极氧化的试验材料结果

11.3.2　阳极氧化膜电解工艺变化以及氧化膜性能

图 11-4 所示是对有无 $KMnO_4$ 溶液进行预处理的情况下，硫酸阳极氧化时的电压-时间曲线进行了比较，预处理后的氧化电压比无预处理时要高，这个电压一直延续到阳极氧化停止。图 11-5 是无 $KMnO_4$ 溶液预处理、在 $KMnO_4$ 溶液中阴极电解时间 1min、3min 以及 5min 后，观察各时间段生成厚度 30μm 硫酸氧化膜的表面状况。随着预处理时间增加其表面逐渐变粗糙，表面粗糙度 *Ra* 值分别为 0.3μm、0.9μm、1.3μm 和 1.1μm。

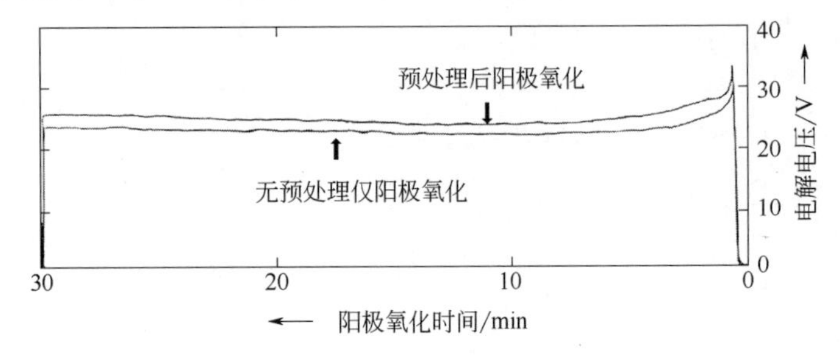

图 11-4　有无进行 1min 阴极电解和硫酸阳极氧化时的
电解电压与时间的关系

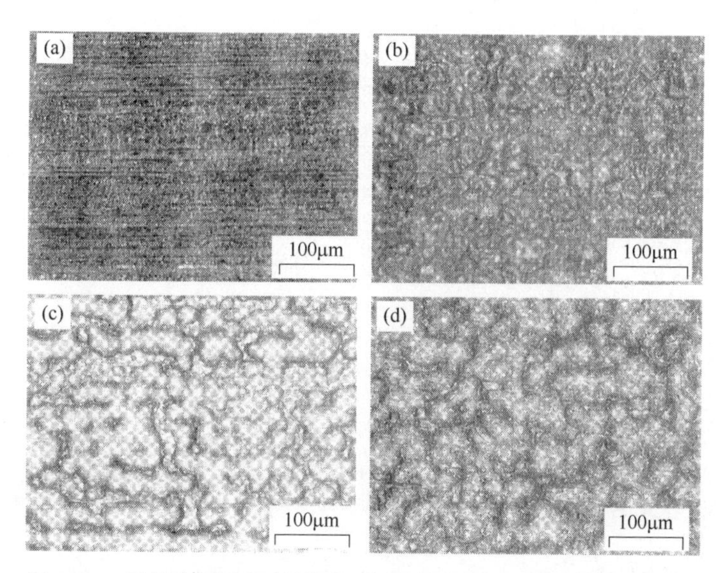

图 11-5　阴极电解时间与随后阳极氧化处理 30μm 厚的表面形状

（a）无阴极电解；（b）阴极电解 1min；（c）阴极电解 3min；（d）阴极电解 5min

11.3.3 阳极氧化膜的特性

图 11-6 所示是 $KMnO_4$ 水溶液进行预处理的阴极电解时间和硫酸阳极氧化膜的生成效率以及氧化膜硬度的关系。氧化膜的截面硬度没有大的变化，但表面硬度在预处理 1～3min 时上升到 500HV 左右，证明表面硬化的效果明显。

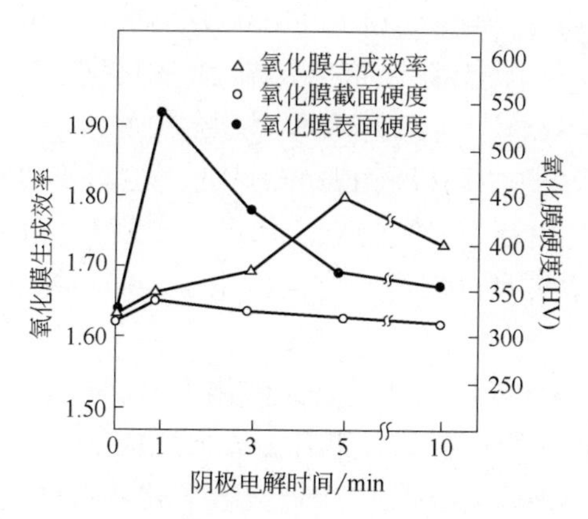

图 11-6　阴极电解时间和阳极氧化膜的氧化膜生成效率、氧化膜截面硬度以及表面硬度的关系

还有一些研究报告指出[6, 7]，铝合金在钼酸盐和铬酸盐中阴极电解后，

再进行硫酸阳极氧化，可以得到表面硬度达到 500HV 的硬质氧化膜，据分析，这主要是因为 Mo 和 Cr 离子被吸附到氧化膜中形成的硬质结构。我们还进一步推测在 $KMnO_4$ 溶液中生成的阴极膜是 $Mn(OH)_2$，在硫酸溶液中发生的氧化反应形成 Mn_5O_4 或者 Mn_2O_3 单体，或者这类氧化物的混合物，被氧化膜吸附。图 11-7 是氧化膜截面硬度的比较。可以看出，进行过 $KMnO_4$ 溶液阴极电解的氧化膜，与仅有硫酸氧化的氧化膜相比较，其压痕要小。

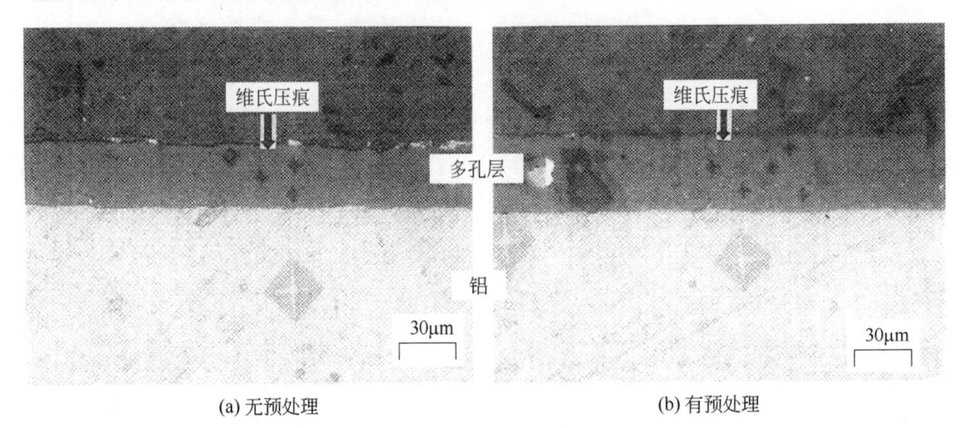

图 11-7 根据有无阴极电解预处理观察阳极氧化膜的截面硬度压痕

图 11-8 所示是铝合金在 $KMnO_4$ 溶液中通过改变阴极电解时间，进行硫酸阳极氧化生成的氧化膜的摩擦系数变化情况。可以看出电解时间在 1～3min 之间时，氧化膜的摩擦系数减弱幅度非常大。

图 11-9 所示是用往复耐磨试验机经 1600 次的试验后试验材料的氧化膜厚度减少情况。表面硬度高的氧化膜经 400 次试验后氧化膜厚度减小不明显，氧化膜的耐磨耗性能得到有效确认。随后伴随摩擦次数的增加，氧化膜厚度直线减小。但是，与未经过阴极处理的阳极氧化膜进行比较，总体上耐磨性能还是提高了。

图 11-10 所示是由锉刀引发的划痕状况。可以得出由 $KMnO_4$ 溶液进行阴极电解后，氧化膜表面硬度提高了，同时由于表面粗糙度适当增加，抗划痕性能也提高了。

图 11-11 所示是就阳极氧化膜表面硬化现象进行阴极电解的模拟演示。在 $KMnO_4$ 溶液进行阴极电解后，铝合金表面生成 Mn、Al 和 O 组成的复合氧化物，随后进行硫酸阳极氧化。但此复合氧化物继续在溶液界面存在，抑制了阳极氧化多孔层的化学溶解，氧化膜硬度保持较高水准。从电压-时间曲线也可以很明确得出，电解电压高几伏就可使阳极氧化膜阻挡层变厚，耐腐蚀性和电绝缘性等都得到大幅提高。

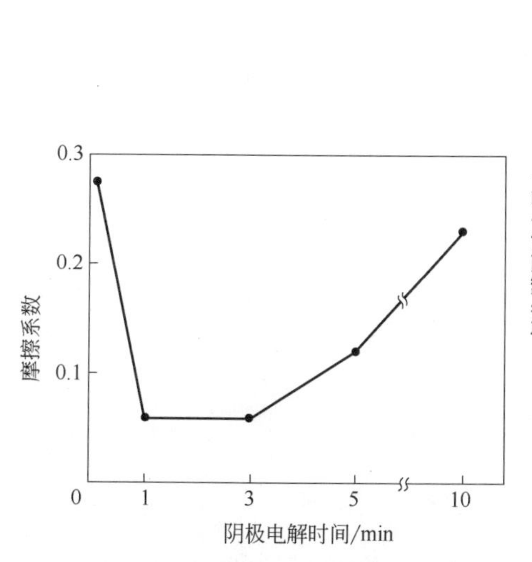

图 11-8　阴极电解时间和阳极氧化膜的摩擦系数

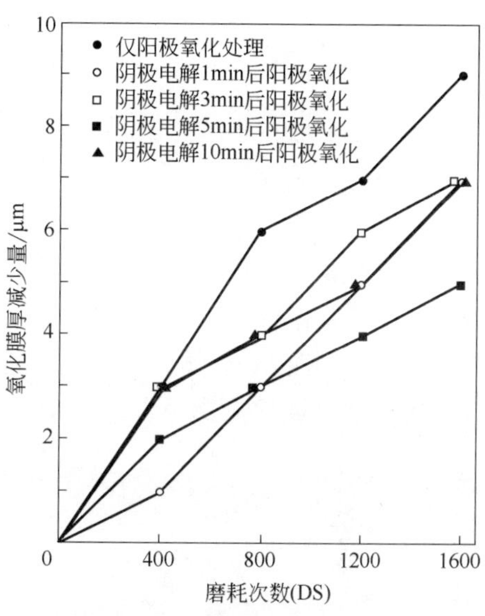

图 11-9　用往复式磨损试验机对阴极电解预处理试验材料进行膜厚磨耗减量

(a) 仅有阳极氧化

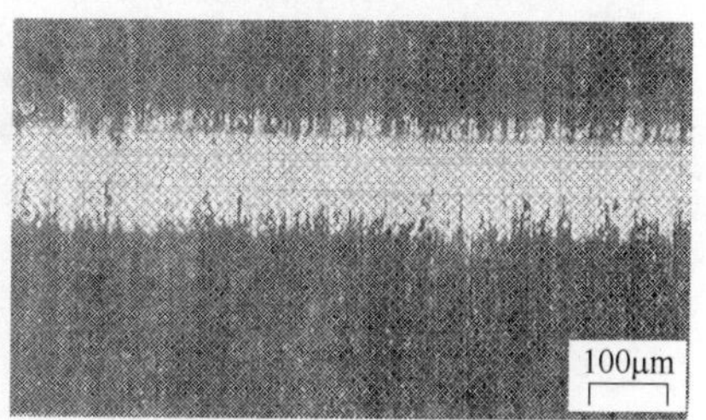

(b) 预处理1min后阳极氧化

图 11-10　用锉刀进行划伤试验状况

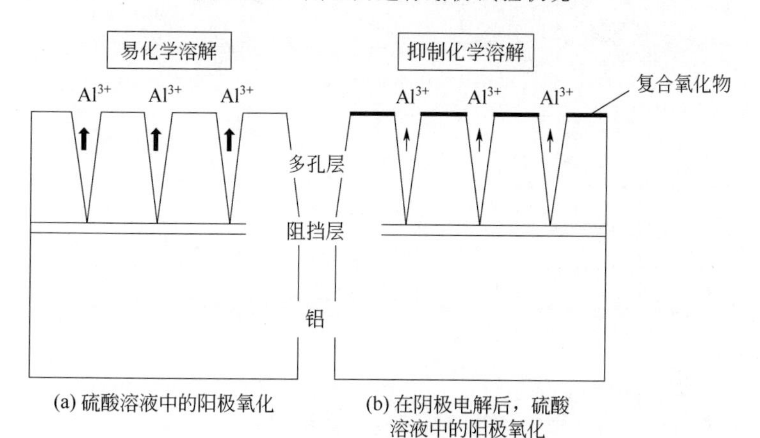

(a) 硫酸溶液中的阳极氧化

(b) 在阴极电解后，硫酸溶液中的阳极氧化

图 11-11　在硫酸溶液中抑制化学溶解模型图

11.4 总结

在 $KMnO_4$ 水溶液中进行阴极电解，随后进行硫酸阳极氧化的氧化膜，其表面得到了硬化，我们得到如下结论。

① 经过几分钟的阴极电解，得到 Mn、Al 和 O 组成的复合氧化物在铝上形成致密状态，即便再硫酸阳极氧化，此复合氧化物也不会完全消失。我们认为这是在阳极氧化时，硫酸溶液中氧化膜化学溶解被抑制造成的。

② 因为阳极氧化膜化学溶解被抑制的原因，表面硬度变高，摩擦系数减弱，从而耐磨耗性能提高。

参考文献

[1] 馬場宣良：電解法による酸化皮膜、槇書店（1996)、p.36

[2] 前嶋正受、猿渡光一：アルトピア、Vol.36、No.5（MAY.2006)、p.20

[3] 金野英隆：アルミニウムの加工方法と使い方の基礎知識、軽金属製品協会編、p.66

[4] L.B.Sargent：Lub. Eng., 38（1982), 615

[5] 前嶋正受、高谷松文、猿渡光一、平田昌範：軽金属、第 49 巻、第 5 号（1999)、204

[6] 横山一男、金野英隆、馬場優子、古市隆三郎：表面技術、45（1994)、1026

[7] 金野英隆、馬場優子、古市隆三郎：表面技術協会第 89 回講演大会要旨集（1994)、87

第 12 章

硫酸氧化膜裂纹产生和预防的基础实验

高谷松文　前岛正受　猿渡光一

12.1 概要

阳极氧化膜由铝生成氧化膜时，初期体积大致膨胀 1.5 倍，所以产生压缩应力。随着氧化膜厚度不断增加，膜层多孔化，压缩应力开始转变成抗拉应力。因此，抗拉应力占主导的硬质铝合金进行阳极氧化，氧化膜容易发生裂纹。另一方面，在孔隙率高的软质阳极氧化膜中不易出现裂纹。

阳极氧化膜的热膨胀系数约是铝基材的五分之一，被暴露在高温环境下也会产生裂纹。

阳极氧化膜是坚硬且脆性陶瓷质地，对弯折、强拉伸、扭曲弯转、挤压等此类加工变形能力小。即便是优秀的耐裂纹阳极氧化膜，得到 0.5%以上变形也是非常困难的。

大家都知道，裂纹的产生受到铝材本身和氧化条件以及为氧化而进行的预处理的影响。

但是把握实际产生裂纹的状况，以及对各类氧化膜功能性的影响界定，是复杂且困难的，目前难以得出结论性答案。

本章从外观上对阳极氧化膜或其他各种功能性产品在商业化过程中，对处理工艺过程产生的裂纹进行探究。做到即使产生裂纹但外观上也不明显。因此研究掌握抑制各种导致阳极氧化膜产生裂纹的影响因素是非常重要的[1]。

12.2 实验方法

12.2.1 评价方法

试验材料使用经阳极氧化处理过的厚度 1mm 的铝板，分别卷入各种直径经过镜面精加工，镀硬质铬的轴心上，对产生裂纹的面每间隔10mm，用 20 倍放大镜对裂纹产生条数以及形状和深度进行充分观察。

12.2.2 试验要点

（1）试验片：1mm×25mm×250mm 冷轧铝板。

（2）铝材材质：

① A1070（1/2H 材，图中用 1S 标记）。

② A1100（O 材、H 材，图中用 2S 标记）。

③ A2017（T4 处理 H 材，图中用 17S 标记）。

④ A5052（H 材，图中用 52S 标记）。

（3）预处理：

① 无预处理（用弱碱性脱脂剂脱脂）。

② 用磷酸＋硝酸系化学抛光液进行化学抛光。

③ 用氟化氢铵进行砂面处理。

（4）硫酸电解溶液浓度（质量分数）：15、25、35。

（5）游离铝离子含量（g/L）：0、5、10、15、20。

（6）氧化溶液温度（℃）：10、20、30。

（7）电流波形以及电流密度（A/dm^2）：

① 直流：0.5、2、5。

② 交流（实际值）：0.8、1.5、2.2。

③ 交流直流叠加（实际值按 $2A/dm^2$ 时的 DC/AC 叠加比）DC/AC：1/0、5/1、1/1、1/5、0/1。

（8）阳极氧化膜厚度（μm）：

① 直流时：3、7、15。

② 交流时：3、7。

③ 交流直流叠加时：7。

（9）封孔处理：去离子水、100℃、30min 沸水封孔及无封孔处理。

（10）对样品阳极氧化处理后进行加热：350℃、30min。

（11）弯曲用轴心直径（mm）：10、15、20、27、30、40、50、80、95。

12.3 实验结果

将各试验片卷入经镜面精加工镀硬质铬的轴心上弯曲，分析发生裂纹的形状和裂纹条数，并对其与阳极氧化的变化关系进行梳理。

12.3.1 铝材材质和热处理的影响

A1070、A1100 以及 A5052 之间肉眼看不到差异。A2017 表面出现无数的麻坑，肉眼难以觉察出外观裂纹。可以推测是此类金属间化合物（$CuAl_2$）发生溶解造成的。

热处理的影响：阳极氧化膜薄的时候，材质软的氧化膜延展性较高；氧化膜变厚的时候，基材的软硬基本没有影响。图 12-1、图 12-2 显示此关系。

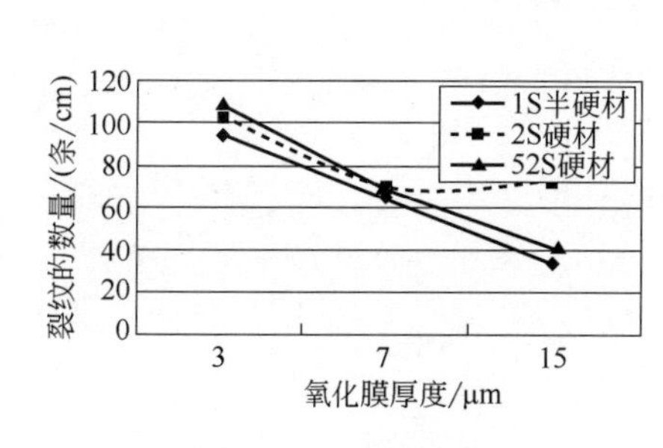

图 12-1 铝材的影响

15%硫酸溶液、20℃，直流 2A/dm²

（17S 硬材无法测定裂纹数）

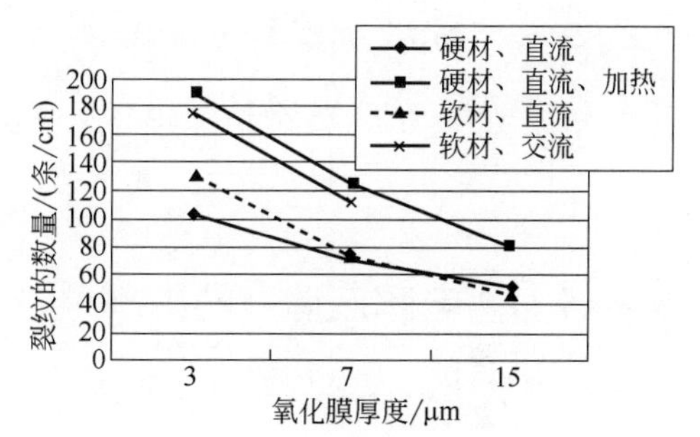

图 12-2 基材热处理的影响

15%硫酸溶液、20℃、2S 材，电流密度：

直流 2A/dm²，交流 0.8A/dm²，弯折倍径 50 倍

12.3.2 铝板材压延方向的影响

图 12-3 所示是延展性按照如下的顺序递减：沿轧制方向 45°、90° 弯曲。

12.3.3 阳极氧化预处理的影响

如图 12-4 所示，进行化学抛光预处理，由于基材光亮和反射的原因，裂纹看上去不明显，发生裂纹的条数和未进行预处理的相比较，没有大的差别。咬花处理也得出同样结果。

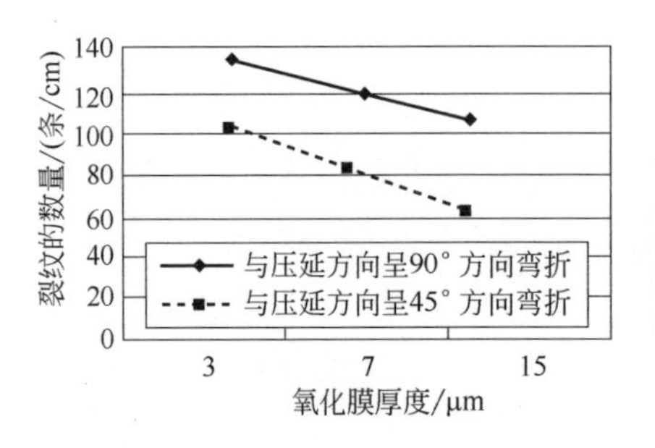

图 12-3 对铝基材压延方向、弯折方向的影响

15%硫酸溶液、20℃、直流 2A/dm²、2S 硬材，弯折倍径 50 倍

（压延方向弯折时不能测定裂纹数量）

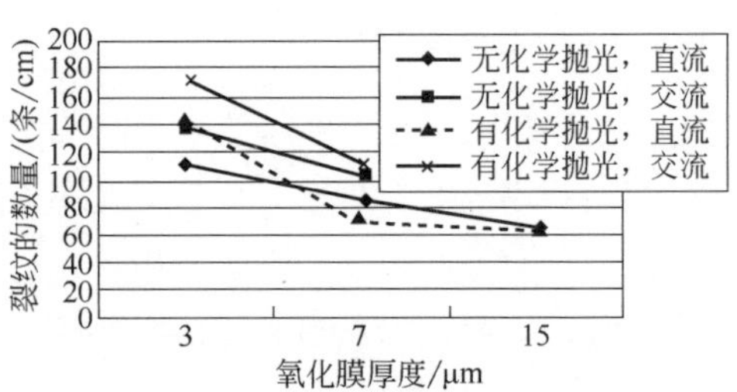

图 12-4 化学抛光的影响

磷酸+硝酸系研磨液、2S 硬材，15%硫酸溶液、30℃、电流密度：直流 2A/dm²、交流 0.8A/dm²、弯折倍径 50 倍

12.3.4 硫酸浓度和游离铝离子的影响

如图 12-5 所示，硫酸浓度越高膜的延展性越高，游离铝离子含量约在 10g/L 时延展性开始提升。

12.3.5 电解液温度的影响

随着氧化溶液温度升高，裂纹逐渐变得不明显。结果如图 12-6 所示。

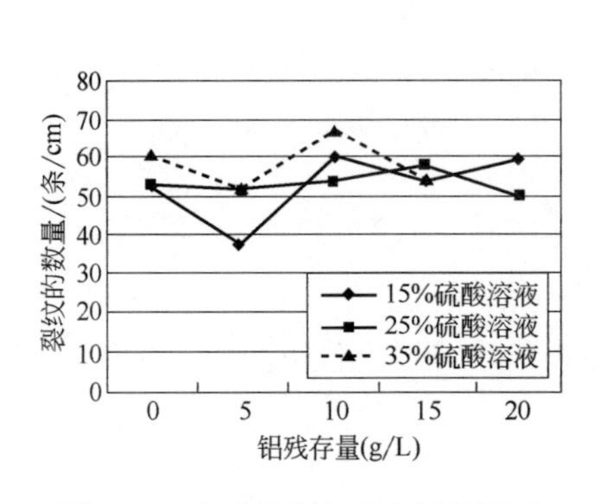

图 12-5 硫酸浓度和残存铝的影响

2S 硬材、交直电解电流比 1/1、电流密度 3A/dm²、弯折倍径 50 倍

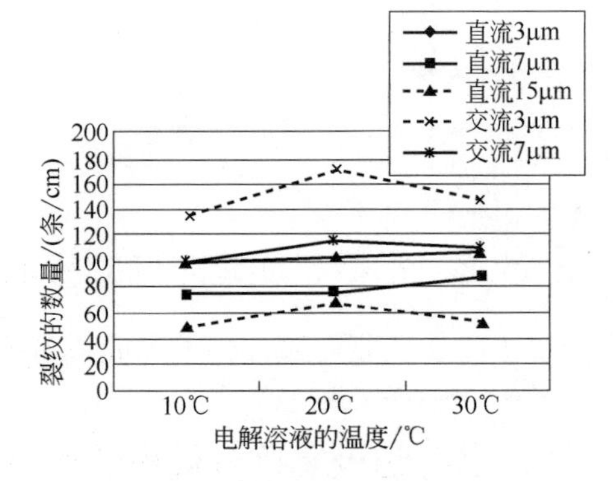

图 12-6 电解溶液温度的影响

2S 硬材、15%硫酸溶液、电流密度：直流 2A/dm²，交流 0.8A/dm²、弯折倍径 50 倍

12.3.6 电流波形的影响

如图 12-7 所示，交流直流电叠加的时候，随着交流电量的增加，膜的延展性微增，成正比例的关系。另外，在对各种电流波形的比较中，延展性按照如下的顺序递减：交流、交流直流叠加、PR（波形来回反转）、断续、直流。

12.3.7 电流密度的影响

图 12-8 所示为电流密度的影响。电流密度低的时候，弯曲加工时细微裂纹的产生会增加，但延展性易于保持。

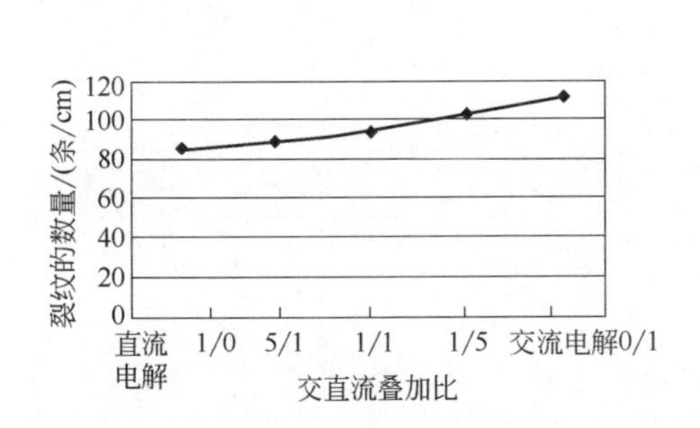

图 12-7　电解波形交流成分叠加的影响

2S 硬材、15%硫酸溶液、30℃、

7μm 厚氧化膜、有效电流密度 $2A/dm^2$

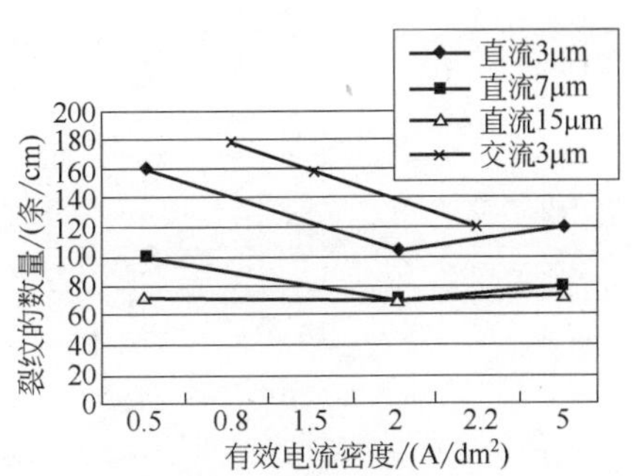

图 12-8　电流密度的影响

2S 硬材、15%硫酸溶液、20℃、

弯折倍径 50 倍

12.3.8 阳极氧化膜厚度的影响

阳极氧化膜越薄，裂纹变得越不明显。虽然外观上看横向裂纹发生条数变少，但裂纹幅度变宽，并且深度数值变大。

相反阳极氧化膜越厚，横向的裂纹会增多，虽保持一定延展性，但产生的裂纹条数增多，宽度变窄且深度变浅。

图 12-9 和图 12-10 为中间裂纹及横向裂纹外观的比较。

12.3.9 封孔处理的影响

经沸水封孔处理的结果是产生大量细小裂纹，延展性易于保持。特别是交流氧化膜效果好于直流氧化膜。

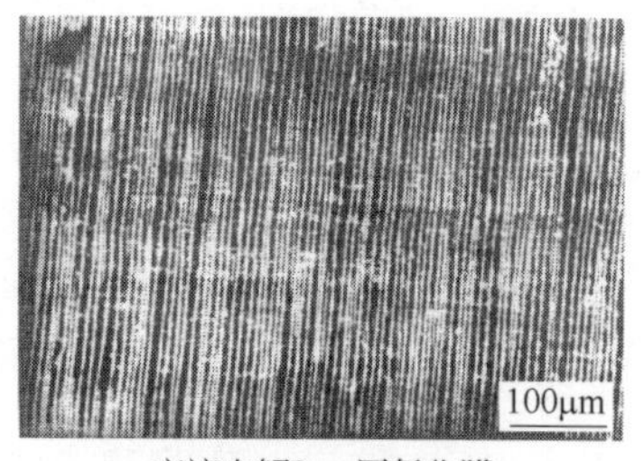

交流电解3μm厚氧化膜

图 12-9 裂纹不明显

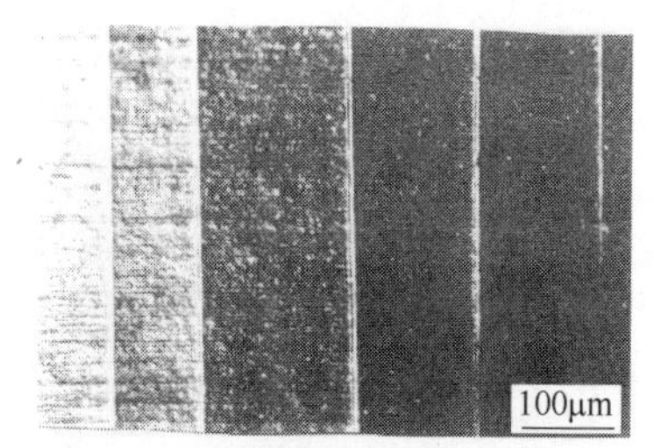

直流电解15μm厚氧化膜

图 12-10 裂纹明显

图 12-11 和图 12-12 是对氧化槽液的温度进行比较，图 12-13 和图 12-14 所示是弯曲轴心直径的影响。

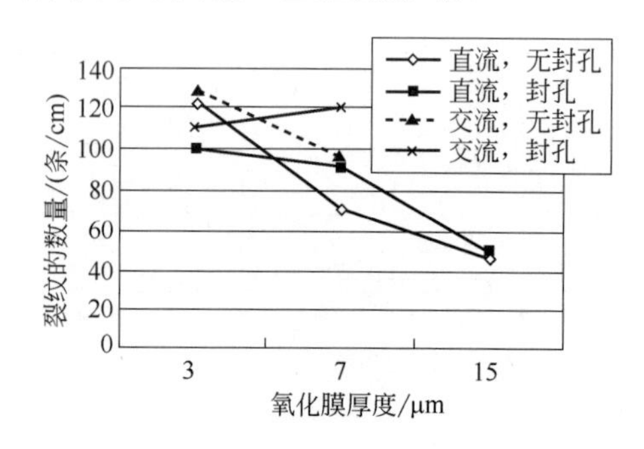

图 12-11 沸水封孔的影响（一）

2S 硬材、15%硫酸溶液、10℃、电流密度：直流 $2A/dm^2$、交流 $0.8A/dm^2$、封孔时间 30min、弯折倍径 50 倍

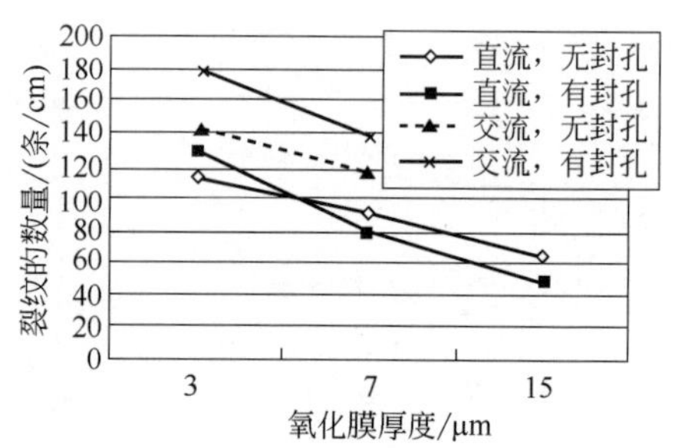

图 12-12 沸水封孔的影响（二）

2S 硬材、15%硫酸溶液、30℃、电流密度：直流 $2A/dm^2$、交流 $0.8A/dm^2$、封孔时间 30min、弯折倍径 50 倍

12.3.10 阳极氧化膜进行加热的影响

为保持延展性，研究方向是加热氧化膜：氧化膜厚度截至 7μm 左右时，基材和氧化膜附着性不变，热膨胀均匀；厚度截至 15μm 附近时热膨胀平衡被打破，弯折后裂纹方向变得不连续，呈现细微间断状况。相关情况如图 12-2 所示。

12.3.11 弯曲轴心直径的影响

目前有观点认为，硫酸阳极氧化膜在 0.29%膨胀率以上时发生龟裂[2]。我们从本次试验的结果，也得到了微量弯曲时产生的裂纹。

基材不管是软质还是硬质，轴心的直径和试验片的板厚比在 50 倍以下进行弯折的时候，外观与原先比较，氧化膜的裂纹十分明显，这是我们希望规避的。弯折倍径在 20 倍以下时，幅度宽的裂纹急速上升，易引起基材脆裂。图 12-15 和图 12-16 所示是试验片厚度和金属轴心直径的弯折倍径关系图。

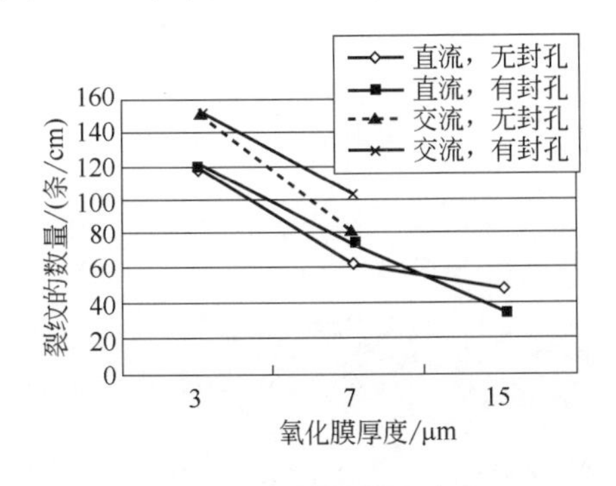

图 12-13　沸水封孔的影响（三）

2S 硬材，15%硫酸溶液，10℃，电流密度：直流 $2A/dm^2$、交流 $0.8A/dm^2$，封孔时间 30min，弯折倍径 27 倍

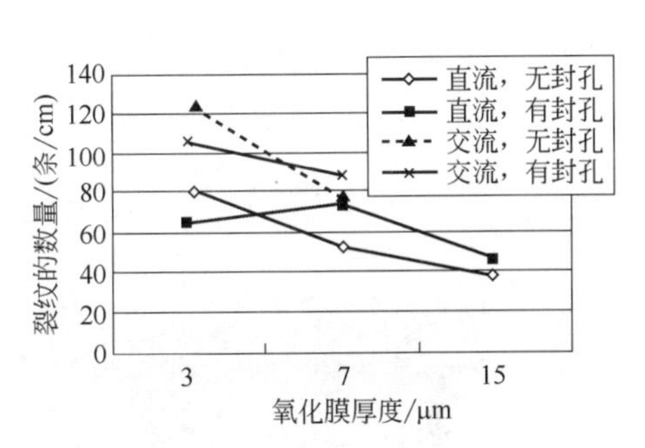

图 12-14　沸水封孔的影响（四）

2S 硬材，15%硫酸溶液，10℃，电流密度：直流 $2A/dm^2$、交流 $0.8A/dm^2$，封孔时间 30min，弯折倍径 95 倍

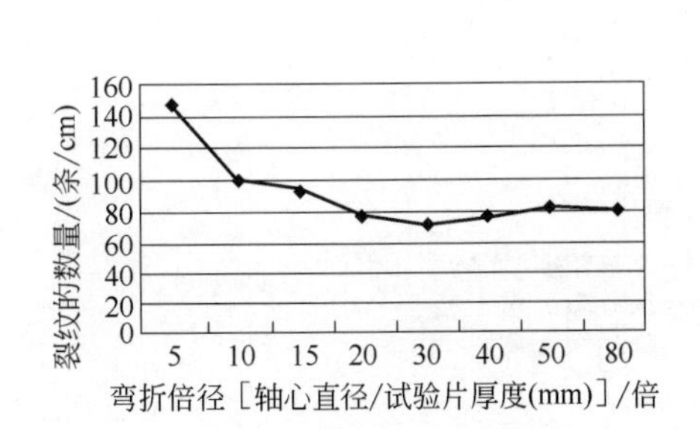

图 12-15　轴心弯折倍径的影响（一）

2S 硬材，15%硫酸溶液，20℃，电流密度：直流 $2A/dm^2$，氧化膜厚 7μm，5 倍径以下时基材多断裂

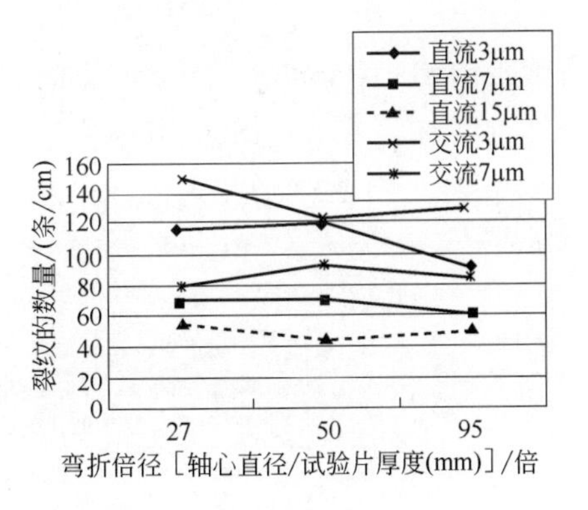

图 12-16　轴心弯折倍径的影响（二）

2S 硬材，15%硫酸溶液，10℃，电流密度：直流 $2A/dm^2$、交流 $0.8A/dm^2$

12.4　观察

氧化槽液处于 10～30℃温度区间，弯折硫酸氧化膜，我们观察了裂纹产生状况和裂纹产生条数以及形状。我们数次试验投入了巨大精力，归纳总结

裂纹的产生，与基材本身预处理、氧化条件、封孔处理条件，乃至全处理工艺都有关联并受到影响。

我们最理想的试验结果是：氧化膜生成后即便加热或机械加工，产生裂纹的状况是数量少，宽度窄，深度浅，实际状况是产生裂纹宽度窄，深度浅，但是产生数量变多了。

虽说如此，宽度窄，深度浅的轻裂纹，即便数量变多了，但是相关的用途并没有受到影响，在商业化应用上我们认为没有问题。

图 12-17 所示是幅度宽的裂纹的产生对绝缘性的破坏且本身易腐蚀的例子。

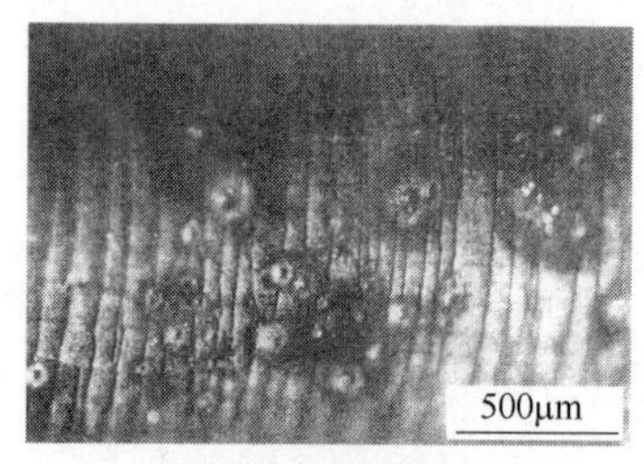

(a) 裂纹和破坏绝缘痕迹

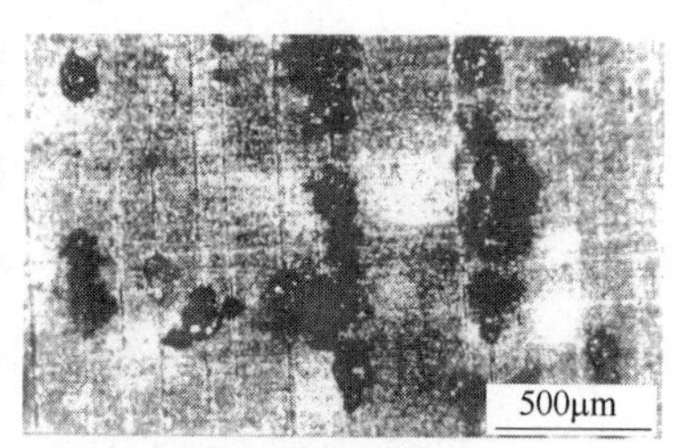

(b) 裂纹和腐蚀发生点

图 12-17　裂纹起始点性能减弱例子

目前 JIS H8684 就铝以及铝合金阳极氧化膜变形和耐裂纹方面制定了相关标准（试验方法：ISO 3211）[3]。

还有 2～3 篇报道相关阳极氧化膜裂纹的文献，我们建议加以研读[4-6]。

参考文献

[1] 前嶋正受、石禾和夫：アルミニウム研究会誌、1977 No.5 通巻 117 号、金属表面技術協会、p.8

[2] 宮田 聡：陽極酸化皮膜、日刊工業新聞社 (1954)、p.124

[3] アルミニウム表面処理ノート、第 6 版、軽金属製品協会試験研究センター、p.250

[4] 菊池 哲：アルミニウム研究会誌、1977 No.5 通巻 117 号、金属表面技術協会、p.1

[5] 三田郁夫：実務表面技術、Vol.33、No.11、1986、金属表面技術協会、p.460

[6] 斉藤 宏：硬質アルマイト皮膜のクラック発生に関する考察、いわき技術支援センター材料グループ、16 年試験研究概要

附　　录

附录 1　铝表面处理相关标准

JIS	规格代码	规格名称
H	0201	铝表面处理用术语汇编［ISO 7583］
	8601	铝及铝合金阳极氧化膜［ISO 7599］
	8602	铝及铝合金阳极氧化涂装复合膜
	8603	铝及铝合金硬质氧化膜［ISO 10074］
	8679-1	铝及铝合金阳极氧化膜发生孔腐蚀评价方法—第 1 部　图表法［ISO 8993］
	8679-2	铝及铝合金阳极氧化膜发生孔腐蚀评价方法—第 2 部　网格法［ISO 8994］
	8680-1	铝及铝合金阳极氧化膜膜厚度试验方法—第 1 部 显微镜法［ISO 1463］
	8680-2	铝及铝合金阳极氧化膜膜厚度试验方法—第 2 部 涡流测定法［ISO 2360］
	8680-3	铝及铝合金阳极氧化膜膜厚度试验方法—第 3 部 分光光束显微镜测定法［ISO 2128］
	8681-1	铝及铝合金阳极氧化膜的耐腐蚀性试验方法—第 1 部 耐碱试验
	8681-2	铝及铝合金阳极氧化膜的耐腐蚀性试验方法—第 2 部 CASS 试验［ISO 9227］
	8682-1	铝及铝合金阳极氧化膜的耐磨性试验方法—第 1 部 往复运动平面磨耗试验［ISO 8251］
	8682-2	铝及铝合金阳极氧化膜的耐磨性试验方法—第 2 部 喷射磨损试验［ISO 8252］
	8682-3	铝及铝合金阳极氧化膜的耐磨性试验方法—第 3 部 落砂耐磨试验
	8683-1	铝及铝合金阳极氧化膜的封孔度试验方法—第 1 部 吸附染料试验［ISO 2143］
	8683-2	铝及铝合金阳极氧化膜的封孔度试验方法—第 2 部 磷酸-铬酸水溶液浸渍试验［ISO 3210］
	8683-3	铝及铝合金阳极氧化膜的封孔度试验方法—第 3 部 导纳测定试验［ISO 2931］
	8684	铝及铝合金阳极氧化膜的变形引起耐裂痕试验方法［ISO 3211］
	8685-1	铝及铝合金着色阳极氧化膜的加速耐光性试验方法—第 1 部 光强度试验［ISO 2135］
	8685-2	铝及铝合金着色阳极氧化膜的加速耐光性试验方法—第 2 部 紫外线光强度试验［ISO 6581］

续表

JIS	规格代码	规格名称
H	8686-1	铝及铝合金阳极氧化膜影像清晰度试验方法—第 1 部 图表比例尺法[ISO 10215]
	8686-2	铝及铝合金阳极氧化膜影像清晰度试验方法—第 2 部 仪器法［ISO 10216］
	8687	铝及铝合金阳极氧化膜绝缘性试验方法［ISO 2376］
	8688	铝及铝合金阳极氧化膜单位面积质量测定方法［ISO 2106］
	8689	铝及铝合金阳极氧化膜连续性试验方法［ISO 2085］

资料来源：アルミ表面处理ノート第 6 版、軽金属製品協会試験研究センター、P250。

附录 2　铝表面处理评价方法的特征

项目	电子探针微量分析	荧光 X 射线分析	X 射线衍射	X 射线光电子能谱	俄歇（Auger）电子能谱	辉光放电、发射光谱	扫描电子显微镜+EDX
简称	EPMA	XRF/XFS	XRD	XPS	SAM/AES	HF-GDS	SEM
表面分析	△	×	×～○	◎		○	○～◎
化学状态分析	△	×	○	◎	△	×	×
微量定量分析	○	◎	×	△	△	○	△
块状分析	○	◎	◎	△	△	◎	△
微小区域分析	◎	×～△	△	×～○	◎	×	◎
深度方向	△	×	×	◎	◎	◎	×
观察表面形状	○	×	×	×	◎	×	◎
自动分析	○	◎	◎	◎	×	×	×

注：评价　优←◎ ○ △ ×→劣

附录 3　铝表面处理评价方法的应用实例

项目	电子探针微量分析	荧光 X 射线分析	X 射线衍射	X 射线光电子能谱	俄歇（Auger）电子能谱	辉光放电发射光谱	扫描电子显微镜+EDX
锈/腐蚀	○	○	○	○	○	△	△
氧化涂膜品质/劣化	◎	◎		○	○	○	△

续表

项目	电子探针微量分析	荧光X射线分析	X射线衍射	X射线光电子能谱	俄歇（Auger）电子能谱	辉光放电发射光谱	扫描电子显微镜+EDX
污染	△	△		○	○	○	△
磨耗/润滑	○	◎	△	○	○		△
析出物/夹杂物	◎	◎	△	○	○	○	○
膨胀	△				○		△
结晶界	△	△		○	○		△
金属偏析/不良组织	◎	△	△	○	○		△

注：分析方法 ◎：定量；○：半定量；△：仅观察。

附录4 铝表面处理分析设备的功能分布图

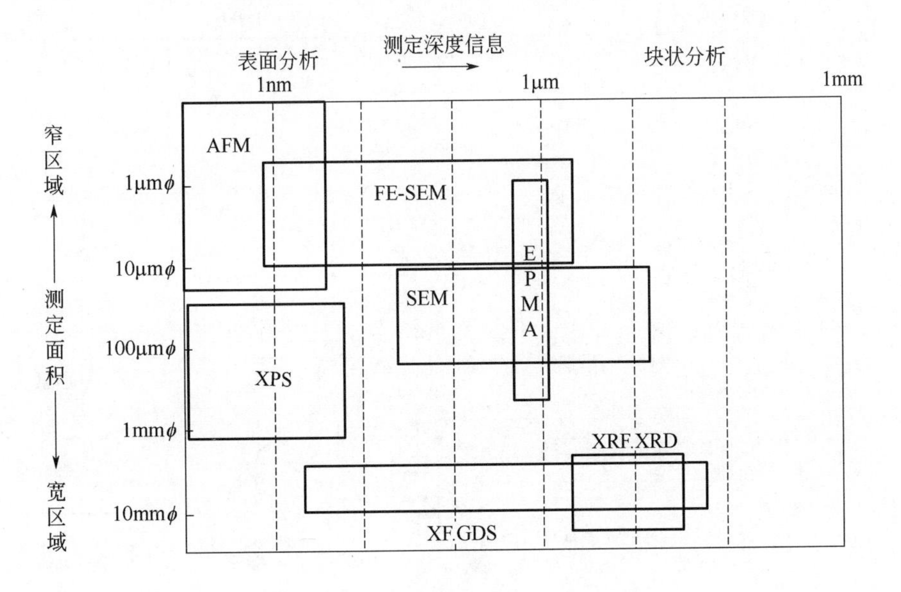

资料来源：1. 铃木正教：機材の表面処理効果及び欠陥の評価、カロスセミナー、2004年；2. 軽金属製品協会表面処理技術研究会：各種測定機器を用いたアルミ処理性品の解析事例（品質・劣化・不良解析を中心として）、2000年10月。

附录 5　各种金属接触和组合实例

编号	金属种类	电极电位/V	适合组合
1	金或镀金、金-白金合金、白金	+0.15	
2	铜、镀银镭	+0.05	
3	银或者镀银、银白金	0	
4	镍或者镀镍合金、铜镍合金、钛或合金	−0.15	
5	铜或镀铜、丹铜、硅、青铜、棒、线材、银蜡、洋白铜、镍铬、不锈钢	−0.20	
6	黄铜或青铜	−0.25	
7	高强度青铜、丝氨酸、青铜、铝青铜、磷青铜、铸造尼泊尔青铜、四大黄铜	−0.30	
8	18G不锈钢	−0.35	
9	镀铬、镀锡、13G不锈钢	−0.45	
10	镀锡、焊锡、锡板	−0.50	
11	铅或者镀铅、铅合金	−0.55	
12	高强度铝	−0.60	
13	纯铁、铸铁件、可锻造铁，碳钢及低合金钢	−0.70	
14	铝以及耐腐蚀铝合金、硅系铝合金铸造物	−0.75	
15	硅系以外的铝合金铸造物、镀镉及铬处理	−0.80	
16	熔融镀锌、熔融镀锌钢	−1.05	
17	锌板、锌合金锻造电镀	−1.10	
18	镁及镁合金(铸造物以及锻造合金)	−1.60	

资料来源：アルミ表面処理ノート第4版、軽金属製品協会、東京アルミサーフト研究会、P92。

附录 6　摩擦所使用主要金属材料

合金系		有关滑动零部件例	主要使用关键点
Fe	铸铁	汽缸块、工作机床	易成形性、石墨含油性/润滑性、减震性
	钢	轴、齿轮、轴承、模具、发动机用阀门、染料泵	合金元素/热处理的可控性（高硬度、耐热性、耐腐蚀性等）
	烧结	齿轮泵用转子、阀门导轨、含油轴承、阀门密封	易成形性、（油、硬质金属）复合化
Ni		发动机用阀门	高温强度、耐腐蚀性
Co		发动机用阀门正反面	高温强度、耐腐蚀性
Cu		电机整流子、轴承、轴承外壳、阀门密封	电气传导性、与铁的相容、热传导性
Al		汽缸盖、块状、活塞、轴承外壳	易成形性、轻量性、热传导性、与 Sn/Pb 的相容、溶解度低
Ti		发动机用阀门	轻量、与 Al 比强度大
Pb		轴承外壳	软质（易适应性）
Sn		轴承、电气端子（电镀）	软质（易适应性）
Al 基材复合材料		汽缸块	轻量性、比 Al 硬度高/强度高

资料来源：志村好男：日本機会学会[No.97-93]講習会教材（97-12.8.9、名古屋、役に立つトライボロジー[基礎編]）、89。

附录 7　从摩擦学看金属间的相互溶解性

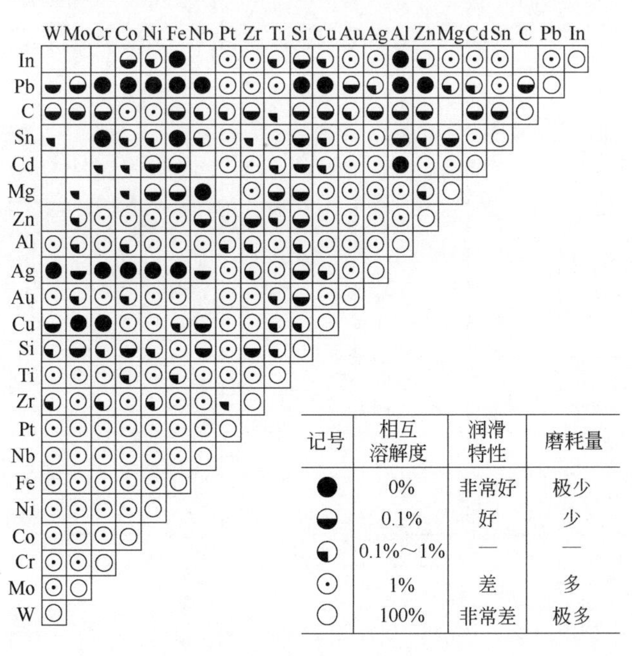

资料来源：E.R.Booser：CRC Handbook of Lubrication，2，CRC Press（1984），204。

附录 8　摩擦面的调查方法——主要面分析法

简称	英文名称	输入系统	输出系统	信息	空间分辨率	摩擦学应用
SEM	Scanning Electron Microscopy	电子	二次电子、反射电子	表面形状	约 1nm，深度方向 0.3nm 至数纳米	摩擦表面形态+EPMA（组成分析）
STM	Scanning Tunneling Microscopy	电压	隧道电流	表面超细微结构（原子/分子水平）	约 0.1nm，深度方向约 0.1nm	摩擦表面形态（极微小磨损状态）
AFM	Atomic Fore Microscopy	触针	原子间力、分子间力	表面超细微结构（原子/分子水平）	约 0.1nm，深度方向约 0.1nm	摩擦表面形态（极微小磨损状态）
EPMA	Electron Probe Micruanalysis	电子	特征 X 射线	表面组成、定量分析	约 0.5μm，深度方向 0.3μm 至数微米	摩擦表面层的化学组成
AES	Auger Elecron Microscopy	电子	Auger 电子	极表面组成+离子枪（深度方向）	约 10nm，深度方向 1nm	摩擦表面层的化学组成（深度方向元素分布）
SIMS	Secondary Ion Mass Spectruscopy	离子	二次离子	表面组成（深度方向）	数微米，深度方向 0.5nm 至数纳米	摩擦表面层深度方向元素分布
XRD	X-ray Difraction	X 射线	X 射线（衍射速度）	表面层物质鉴定、内部扭曲测算	数十微米，深度方向 10～20μm	摩擦表面层结晶物质鉴定、扭曲状态分析
XPS	X-ray Photoelectron Spectroscopy	X 射线	光电子	极表面组成、结合状态+离子枪（深度方向）	20μm，深度方向 1nm	摩擦表面层的化学组成、结合状态的物质固定
IR(FI-IR)	Infrared Spectroscopy (Fouriertransform-IR)	光（红外线）	红外吸收	化学结合状态	＞10μm	摩擦面有机物的鉴定
LRS	Laser Raman Spectroscopy	光（激光）	拉曼散射光	化学结合状态	约 1μm，深度方向约 1μm	碳元素类、DLC 鉴定

资料来源：水谷嘉之：日本機会学会[No.99-89]講習会教材（00-1.19.20、東京、新・役に立つトライボロジー基礎から応用までー）、88。

附录 9　JIS H 8603—1999 铝及铝合金的硬质阳极氧化覆盖层①

种类	材质	微小硬度 HV	耐磨损性试验		
			往复运动平面磨损③/%	喷射磨损③/%	平板旋转磨损/mg
1 类	除去 JIS H 4000、4100、4140、4040、4080 所规定的变形铝合金内的两种合金以外	400 以上	80 以上	80 以上	15.0 以上
2 类（a）	2000 系变形铝合金	250 以上	30 以上	30 以上	35.0 以上
2 类（b）	Mg 2%以上含 5000 系及 7000 系变形材料	300 以上	55 以上	55 以上	25.0 以上
3 类（a）	JIS H 5202、5302 所规定铸造内 Cu 2%未满、Si 8%未满合金	250 以上	②	②	②
3 类（b）	除 3 类（a）外其他铸造铝合金	②	②	②	②

出处：アルミ表面処理ノート第 6 版、軽金属製品協会試験研究センター、P85。

① 转让当事人之间选择。

② 转让当事人之间协商。

③ 与耐磨损基准试验比较（%）。

附录 10　部分材料的热导率

材料	热传导率/［cal/(cm・s・℃)］
淬火钢	0.11
氧化铝	0.08
铝	0.57
锑	0.04
银	1
青铜	0.16
镉	0.22
铬	0.16
钴	0.16
铜	0.92
锡	0.14
铁	0.17
铸铁	0.12

续表

材料	热传导率/［cal/(cm·s·℃)］
石墨	0.01
铟	0.06
镁	0.37
钼	0.34
镍	0.21
金	0.7
白金	0.17
铅	0.08
硅	0.2
特氟隆	6×10^{-4}
钛	0.04
钨	0.39
锌	0.26

注：1cal=4.184J。

附录 11　部分材料的线胀系数（0～100℃）

材料	α/［$\times10^{-6}$℃$^{-1}$］
淬火钢	11.5～12
铝	24
锑	10.8
银	18.8
铍	12
青铜	22
镉	31.6
铬	8
钴	12.3
铜	17
锡	27
铁	12.1
铸铁	10.6
石墨	7.9
铟	65

续表

材料	α/[$\times10^{-6}$℃$^{-1}$]
镁	26
钼	4.9
镍	12.8
金	14
白金	15.2
铅	29
钛	5
钨	4.5
锌	26.3
特氟隆	70～100

附录 12　部分材料的弹性模量 *E*

材料	弹性模量 *E*/GPa
钢	210
奥氏体不锈钢	190
铝	70
锑	79
银	75
铍	300
青铜	100
镉	70
铬	250
钴	210
铜	110
铜铝合金	112
锡	50
铁	210
片状石墨铸铁	100～150
球状石墨铸铁	180
Ni 硬铸铁	170
石墨	16

续表

材料	弹性模量 E/GPa
铟	12
黄铜	110
镁	42
钼	330
Monel①	170
镍	210
金	80
铅	15
特氟隆	0.4
钛	110
钨	360
锌	95

注：kgf/mm^2 的换算以表的数值 100 为基准。

① 商标名。铜/镍/铁/锰/碳的合金。

附录 13 部分材料的表面能量（熔点处测定）

材料	表面能量/(erg/mm^2)
铝	900
银	920
镉	620
锡	570
铁	1700
铜	1100
钴	1800
铬	1400
铟	600
镁	560
钼	2300
镍	1700

续表

材料	表面能量/（erg/mm^2）
金	1100
白金	1800
铅	450
钛	1200
钨	2300
锌	790

注：1. E.Rabinowicz: “The Determination of the Compatibility of Metals through Static Friction Tests”. A. S. L. E. Department of Mechanical Engineering, MIT Cambridge Mass. 02139. より引用

2. 1erg=10^{-7}J。

资料来源：桑山　昇訳、摩擦と摩耗のマニュアル、泰山堂、246（⑧、⑨）、247（⑩）、248（⑪）。